iPhone はかどる! 便利技 2020

standards

はじめにお読みください　本書の記事は2020年4月の情報を元に作成しています。iOSやアプリのアップデートおよび使用環境などによって、機能の有無や名称、操作法が本書記載の内容と異なる場合があります。また、本書掲載の操作によって生じたいかなるトラブル、損失について、著者およびスタンダーズ株式会社は一切の責任を負いません。

さすがiPhone こんなこともできるんだ!

と感心してしまう便利な機能や操作法をたっぷり紹介。いつもの操作が劇的にスムーズになる設定ポイントや、おすすめアプリの特に使ってほしい機能など、iPhoneを賢くスマートに利用するテクニックが満載です。

contents

section 01 意外と知らない iOSの隠れた便利技

section 02 コミュニケーションを円滑にする便利技

section 03

写真・音楽・動画を楽しむ便利技

section 04 毎日の生活や仕事で役立つ便利技

section 05

セキュリティとトラブル解決の便利技

QRコードの使い方

アプリを紹介している記事には、QRコードが掲載されています。「カメラ」を起動しQRコードに向け、スキャン完了後に表示されるバナーをタップすれば、App Storeの該当ページが開き、すぐにアプリをインストールできます。

section

01

意外と知らない iOSの隠れた便利技

意外と知らない便利すぎる3つの快適操作法

操作のポイントは画面のフチにあり!

SafariでWebページの一番上に戻りたい、Twitterアプリでタイムラインの先頭部分に表示を戻したい……こんなとき、あなたはどのように操作しますか?　指でスワイプして一番上までスクロールする、という人も多いかもしれません。しかし、もっと簡単な方法があります。それは「ステータスバー」をタップする方法です。ステータスバーとは、iPhoneの画面最上部にある時刻や電波強度、バッテリー残量など各種情報が表示されている場所のこと。実は、アプリ起動中にステータスバーをタップすると、画面の一番上まで一気に戻ることが可能なのです。縦にスクロールする画面であれば、ほとんどのアプリで使える操作なのでぜひ試してみましょう。また、iPhone X以降の機種では、画面最下部に表示されるラインを右にスワイプすることで、最後に使ったアプリに素早く切り替えることが可能です。もう一つ、画面をスクロールさせると右端に表示されるスクロールバーも、意外と気づきにくい便利な機能なので、覚えておきましょう。

ページの一番上へ戻るために、いちいち指で何度もスワイプするのは非効率。また、アプリを切り替えたいときに、いちいちホーム画面に戻るのも面倒だ。それぞれの操作は、簡略化した操作が用意されているのでうまく使おう。

画面の移動やアプリ切り替えを素早く行うテクニック

1 ステータスバーのタップで一番上まで一気に戻る

iPhoneの画面最上部にあるステータスバーをタップしてみよう。画面がササッとスクロールし、現在表示している画面の最上部に戻れるのだ。この操作は縦スクロールするほとんどのアプリで対応している。なお、Safariでステータスバーをタップしても最上部に戻れない場合は、さらにもう1回タップすればOKだ。

2 最下部のラインをスワイプしてアプリを切り替え

iPhone X以降では、アプリ起動中に画面最下部にラインが表示される。これを右にスワイプすると、直前に使っていたアプリに画面を切り替えることができる。また、すぐに左にスワイプすれば前のアプリにも戻れる。

3 右端のバーでスピーディーにスクロールする

Safariやファイルアプリなどで、画面を少しスクロールさせると、右端にスクロールバーが表示される。これをロングタップして上下に動かせば、画面を高速にスクロールできる。

顔認証を失敗しがちな人は何が悪い？

iPhoneを顔から30cm離すのがポイント

iPhone X以降では、Face IDによる顔認証機能が搭載されています。画面のロック解除やアプリの購入、Apple Payの支払い時などの認証も、iPhoneに顔を向けるだけですぐ完了。いちいちパスコードを入力しなくて済むのでとても便利ですよね。ただ、状況によっては顔認証に失敗することが結構あります。よく失敗するケースがマスクを付けたときでしょう。残念ながら、顔が半分以上隠れている状況だとFace IDの認識が行えないのです。なので、認証時はパスコードを入力しましょう。なお、メガネやサングラス、帽子などであれば問題なく顔認証が行えます。また、顔認証を行うたびにユーザーの顔を学習するため、メイクやヒゲなどの一時的な変化も対応可能です。それでも顔認証が失敗する場合は、iPhoneと顔の位置が近すぎないかを確認。よくあるのがベッドで寝転がりながらiPhoneを顔認証させようとして失敗するケース。iPhoneを顔から30cmほど離せば、横向きで寝起きのヒドイ顔でも髪がボサボサでも認証されるので試してみてください。なお、顔認証に使われるTrueDepthカメラは赤外線を使うため、真っ暗な環境下でも顔を認識できます。なお、標準設定の場合、顔認証時にはiPhoneに顔を向けるだけでなく、目をしっかりと開けて画面を見る（注視する）必要があります。Apple Payでの支払い時にいちいちiPhoneを注視するのが面倒なら、設定で「Face IDを使用するには注視が必要」をオフにしておくといいでしょう。

顔認証に失敗しがちなケースを確認しておこう

ケース	顔認証	説明
マスクを付ける	×	顔が半分以上隠れている状態では顔認証が行えない
iPhoneと顔が近い	×	顔とiPhoneが近すぎると認証に失敗する。30cmぐらいは離そう
メガネやサングラス、帽子を付ける	○	顔が大きく隠れていなければ、メガネやサングラス、帽子を付けたり外したりしても特に問題なく顔認証が行える
メイクや髪型、ヒゲの変化	○	顔認証は、顔や髪型、ヒゲなど容姿の変化にも対応するので問題ない。ただ、顔全面に濃く生えていたヒゲをすべて剃ったときなど容姿の変化が大きい場合は、認証が失敗する可能性がある
寝起きの顔	△	寝起きの顔でも認証するが、目をしっかり開いておく必要がある。薄目の状態だと失敗しやすいようだ
周りが暗い	○	赤外線を使うので暗い状況でも顔認証が行える

Face ID関連で確認しておきたい設定項目

画面を見なくても顔認証ができるようにする

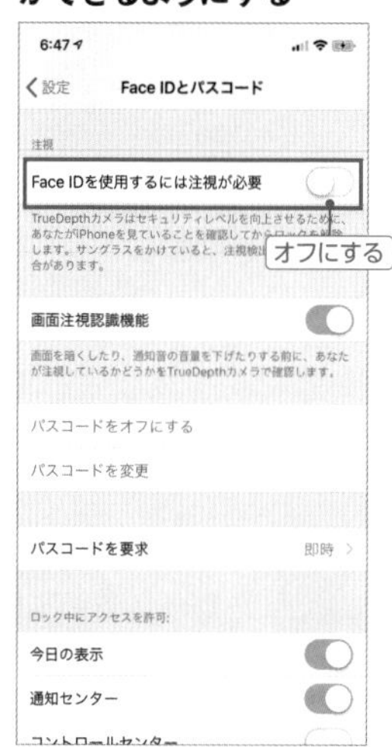

顔認証時にiPhoneを注視するのが面倒ならば、設定を変更しよう。「設定」→「Face IDとパスコード」をタップして、パスコードを入力。「Face IDを使用するには注視が必要」をオフにする。

もうひとつの容姿を登録しておく

Face IDは新たに別の容姿を追加することができる。メガネやメイクなど大きく容姿が変化する状態を別に追加しておくといい。

ApplePayも顔認証で利用できるようにする

Apple Payを使った各種支払い時に顔認証を使いたい場合は、「Face IDとパスコード」の「Apple Pay」をオンにしよう。

もたつきを回避するロック解除のスムーズ設定

スリープ／ロック解除に手間取らないためのコツ

iPhoneを使うときにほぼ毎回行うのが、スリープおよびロック解除の操作です。iPhone X以降の場合だと、サイドボタンを押してスリープを解除、顔認証後に画面最下部を上にスワイプしてロック解除できます。普段はこの操作方法で問題ないのですが、ちょっと困るのが机の上にiPhoneを置いているとき。スリープを解除して時間を確認するために、いちいちiPhoneを手に持ってサイドボタンを押すのは面倒です。そこで、設定から「タップしてスリープ解除」をオンにしてみましょう。iPhoneを机の上に置いたまま、画面タップだけでスリープが解除できるようになります。なお、指紋認証に対応した機種であれば、設定次第でホームボタンに指を乗せて押すだけでスリープおよびロック解除が可能です。スリープ／ロック解除に関連した設定はほかにもいくつかあります。自分好みの設定しておき、いつでもスムーズにスリープ／ロック解除が行えるようにしておきましょう。

スリープ解除を画面タップで行うには?

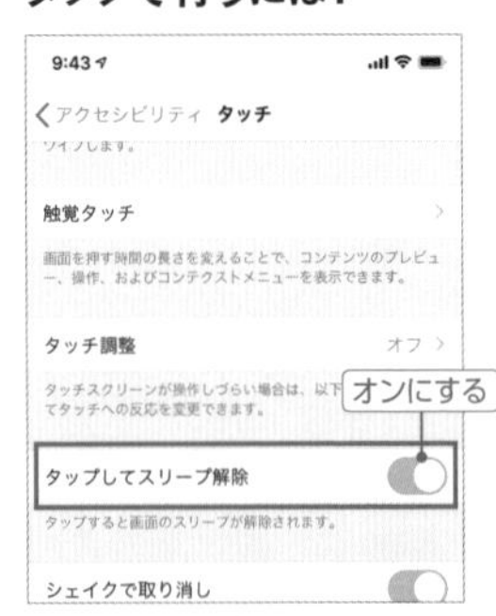

iPhone X以降の場合、画面をタップすることでスリープ解除が行えるように設定できる。「設定」→「アクセシビリティ」→「タッチ」を開き、「タップしてスリープ解除」をオンにしてみよう。

スリープ／ロック解除関連の設定を見直そう

指紋認証だけでロックを解除する設定

指紋認証に対応したiPhoneの場合は、ホームボタンに指を乗せて押すだけでスリープ／ロック解除が可能だ。「設定」→「一般」→「アクセシビリティ」→「ホームボタン」を開いたら、「指を当てて開く」をオンにしておこう。

自動ロックまでの時間を長くしておく

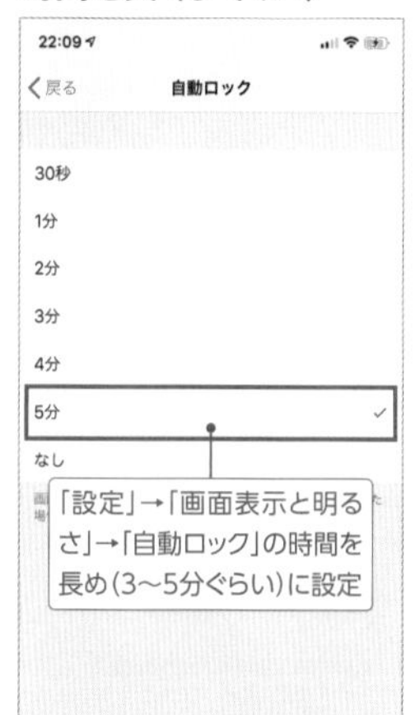

iPhoneは一定時間操作していないとロック状態に移行する。この自動ロックまでの時間を長めに設定しておけば、いちいちロック解除する手間も少なくなるのだ。

手前に傾けてスリープ解除もできる

上記設定をオンにしておけば、iPhoneを手前に傾けるだけでスリープを解除できる。ただ、誤動作することも多いので、使わないのであればオフしておくといい。

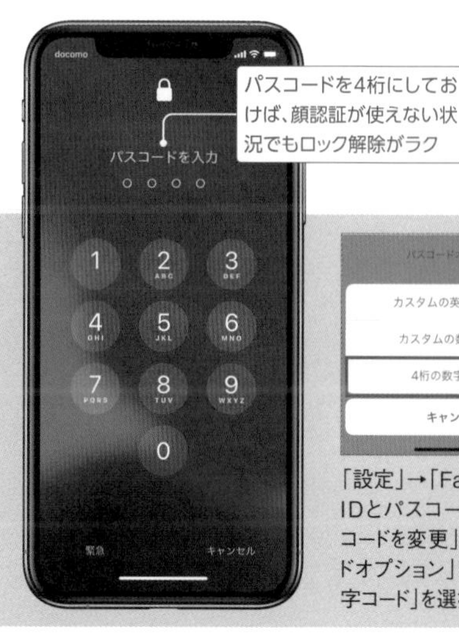

使いこなしヒント

顔認証や指紋認証が失敗しやすい人はパスコードを4桁に

パスコードは標準だと6桁の数字だが、4桁の数字に変更することができる。顔認証や指紋認証をよく失敗する人は、4桁のパスコードにしておけば、ロック解除がラクになるかもしれない。ただし、パスコードが単純になると他人に解除されるリスクも上がる。

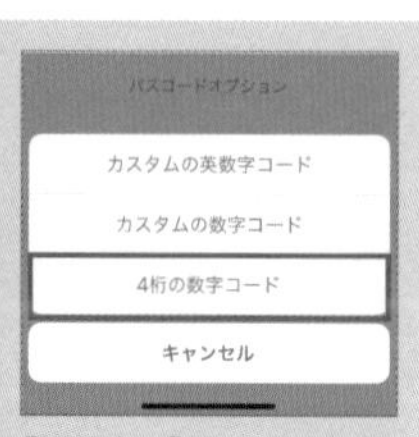

「設定」→「Face（Touch）IDとパスコード」→「パスコードを変更」→「パスコードオプション」で「4桁の数字コード」を選択しよう。

指紋の複数登録で認証率をアップさせよう

よく使う親指の指紋は二重登録がおすすめ

Touch ID対応のiPhoneであれば、指紋認証でスムーズにロック解除が行えます。ただ、状況によっては認証に何度も失敗してイラッとすることも……。そんなときは、同じ指の指紋を複数登録してしまいましょう。Touch IDでは、指紋を最大5つまで登録しておくことが可能です。それぞれの指紋は、別の指でも同じ指でもOK。通常であれば、両手の親指と人差し指、合計4本の指紋を個別に登録しておけば十分です。ただ、せっかく最大5つまで指紋が登録できるので、よく使う方の親指をさらに別の指紋として登録しておきましょう。これでその指の認証率を格段にアップさせることができます。指紋認証で失敗しやすい人は試してみてください。

指紋を複数登録する設定方法

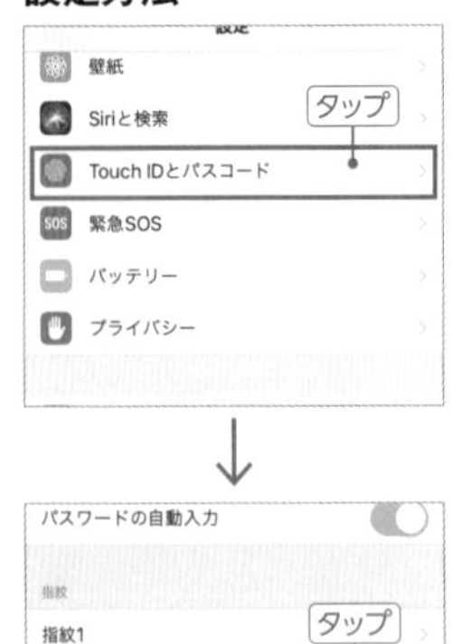

「設定」→「Touch IDとパスコード」をタップ。「指紋を追加」でよく使う指の指紋を登録しておこう。同じ指の指紋を2つ以上登録すると認証率もアップする。

コントロールセンターの隠し機能を知っていますか?

通常は表示されない隠しボタンを表示させよう

iOSのコントロールセンターには、いろいろな隠し機能が用意されています。たとえば、機内モードやWi-Fiのボタンが表示されている領域をロングタップしてみましょう。新たな画面がポップアップされ、AirDropやインターネット共有などの設定ボタンが表示されるはずです。また、フラッシュライトのボタンをロングタップすれば、光の強さを5段階で決めることができます。このように各種ボタンをロングタップすると、隠されていたそのほかの機能が現れるのです。また、設定からコントロールセンターのカスタマイズを行えば、標準では表示されていない「画面収録」や「ボイスメモ」といった新たな機能を追加することができます。自分がよく使いそうな機能を並べておきましょう。

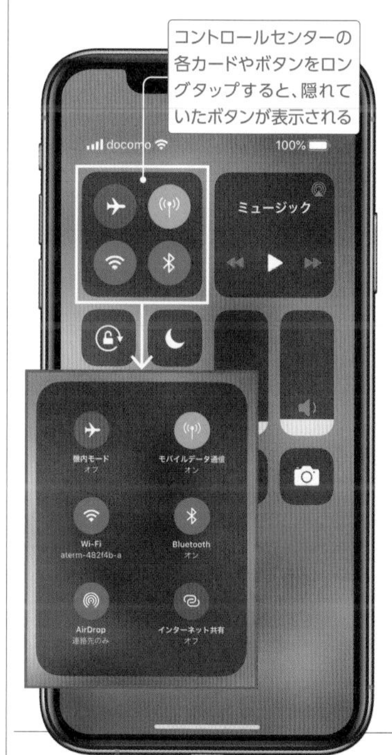

コントロールセンターをカスタマイズする

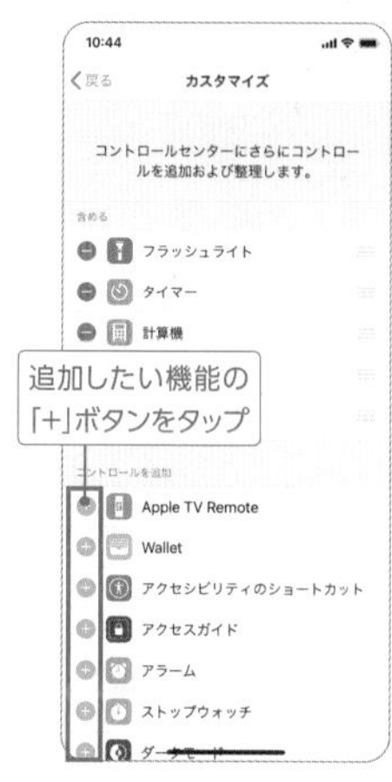

「設定」→「コントロールセンター」→「コントロールセンターをカスタマイズ」をタップ。ここからコントロールセンターに機能を追加可能だ。ボタンの削除や並べ替えも行える。

コントロールセンターを表示すると、新たなボタンが追加されているはずだ。画面外にボタンがはみ出している場合は、上下スワイプでスクロールしてボタンを表示させよう。

ステータスバーに親指が届かないときの引き寄せワザ

簡易アクセス機能を使ってみよう

片手でiPhoneを操作しているときに困るのが、画面上部に表示されるステータスバーやボタンの操作。親指を思いっきり伸ばしてもほとんど届きません。そんなときは「簡易アクセス」機能を使いましょう。画面全体を下に引き寄せられるので、ステータスバーなどにアクセスしやすくなります。iPhone X以降の場合は、設定から「簡易アクセス」をオンにしておき、画面の最下部を引き下げればOKです。なお、Touch ID対応の機種の場合は、ホームボタンを2回タップしましょう。

画面の最下部を引き下げると、簡易アクセス機能が働き、画面が下に引き寄せられる

簡易アクセスをオンにしておく

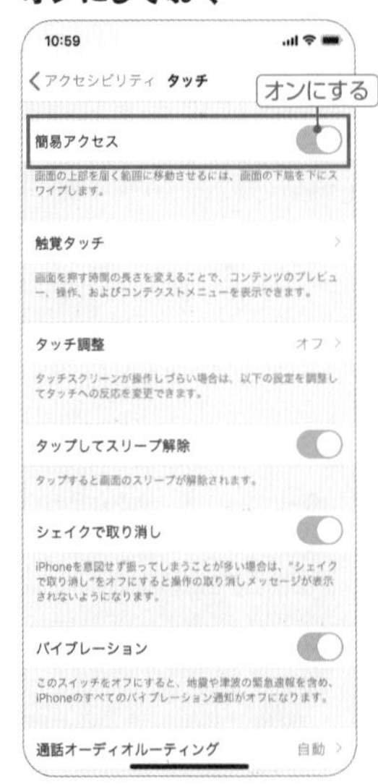

簡易アクセス機能は、標準だとオフになっている。まずは、「設定」→「アクセシビリティ」→「タッチ」を開き、「簡易アクセス」をオンにしよう。

音楽だけじゃもったいない EarPodsは通話もできる

音楽再生中でもすぐ電話に出られる

iPhoneには、EarPodsと呼ばれるイヤフォンが標準で付属しています。実はこのEarPods、リモコンとマイクが搭載されたスグレモノ。ミュージックアプリで再生している音楽を楽しむだけでなく、イヤフォンをしたまま電話の通話も行えるようになっています。ちなみに、イヤフォン使用中に電話がかかってくると、イヤフォンから着信音が聞こえてきます。電話に出るのであれば、リモコンのセンターボタンを1回押しましょう。すると、リモコンに内蔵されたマイクで通話が可能です。イヤフォン通話は、ハンズフリーなので歩きながら電話したい人にもオススメ。また、周りがうるさい状況でも会話が聞き取りやすくなるというメリットも。もちろんFaceTimeやLINEでも使えます。ぜひ試してみましょう。

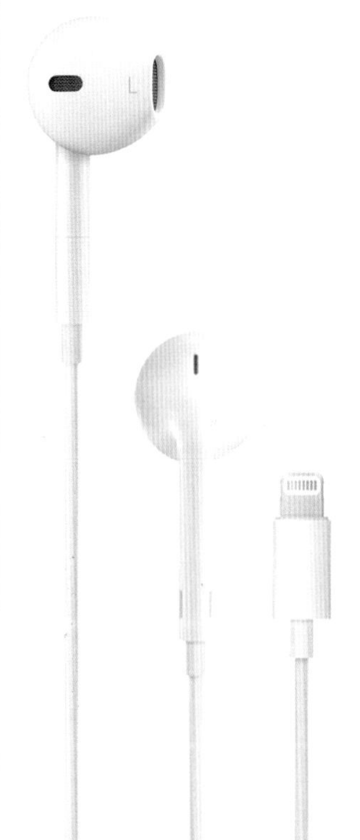

EarPodのリモコンで電話を操作する

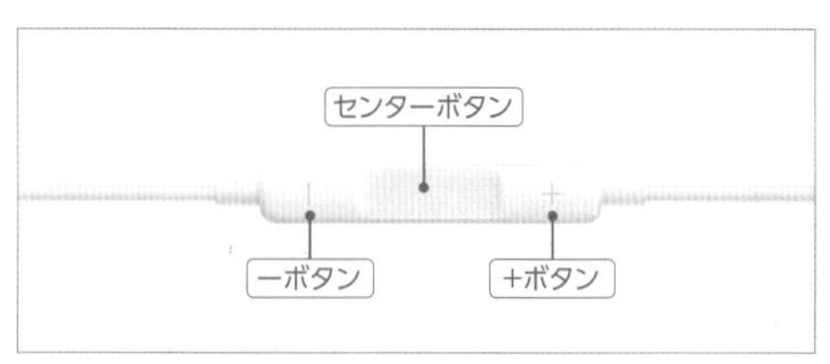

内容	リモコン操作
電話に出る／電話を切る	センターボタンを1回押す
着信拒否	センターボタンを約2秒間長押しして、低いビープ音が鳴ったら離す
通話を保留にし、かかってきた電話に出る	センターボタンを1回押す。もう一度押すと保留中の通話に戻る
通話を切り、かかってきた電話に出る	センターボタンを約2秒間長押しして、低いビープ音が鳴ったら離す

EarPodのリモコンで電話の通話や着信拒否なども行える。

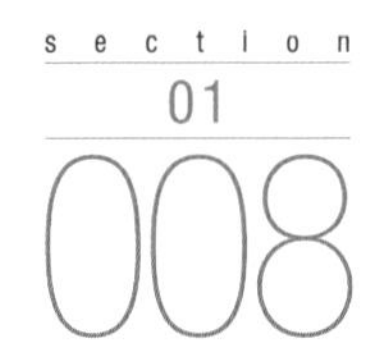

本体を横向きにすれば新たな機能が出現する

横向き表示に対応したアプリを使いこなそう

Safariやメモアプリを起動中にiPhone本体を横向きにしてみましょう。画面が自動的に回転して横向きに表示されます。このように、iPhoneは本体の向きに応じて画面を回転させることが可能です（ただし、画面の回転に対応していないアプリもあります）。また、アプリによっては横向きの画面だけでしか利用できない機能が用意されていることも。たとえば「メッセージ」アプリであれば、横向きの画面にすることで手書き文字の送信が可能です。そのほかにも「計算機」アプリを横向きにすると関数電卓に変化したり、「カレンダー」アプリを横向きにすると1週間表示に切り替わったりなど、意外と知られていない機能が隠されているのです。

メッセージアプリを横向きにすると手書き文字が送れる

まずはコントロールセンターの「画面縦向きのロック」がオフになっていることを確認。メッセージアプリを起動して横向きにしてみよう。手書き文字を送れるようになる。手書き文字の画面が表示されない場合は、キーボードの手書き文字キーをタップすればいい。

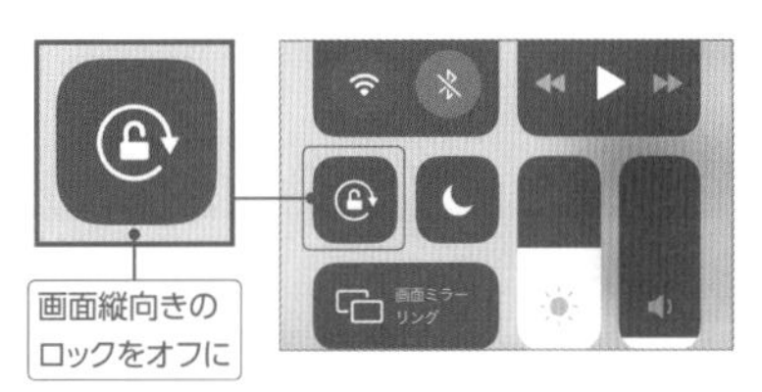

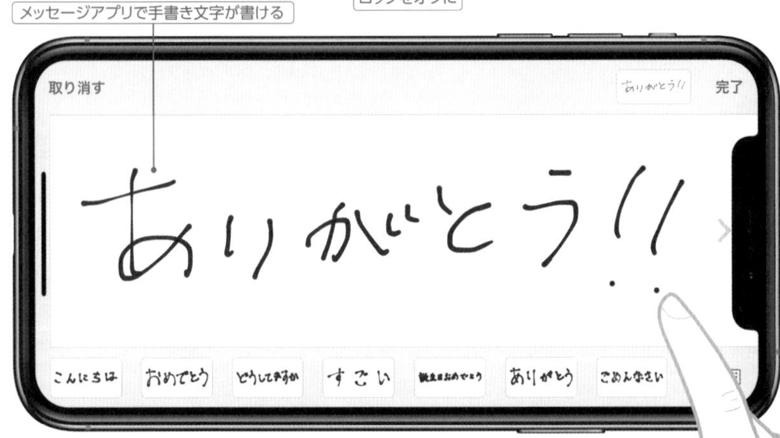

計算機やカレンダーも横向き独自の機能がある

計算機は横向きで関数電卓になる

計算機アプリを横向きにすると関数電卓に変化。表示可能な桁数も格段にアップするのだ。

カレンダーは横向きで1週間表示になる

カレンダーアプリを横向きにすると、左のような専用画面が表示される。1週間分の予定を詳細に確認可能だ。

使いこなしヒント

画面が横向きにならないときは?

iPhoneを横向きにしても画面が横向きにならない場合は、前ページで紹介した「画面縦向きのロック」がオフになっているかを確認しよう。それでも横向きにならない場合は、iPhoneを一旦再起動してみるといい。なお、天気やリマインダーなど、そもそも横向きに対応していないアプリもあるので要注意。

ちなみにSafariを横向きにすると、タブビューが見やすくなり、タブの検索ボタンも利用できる。

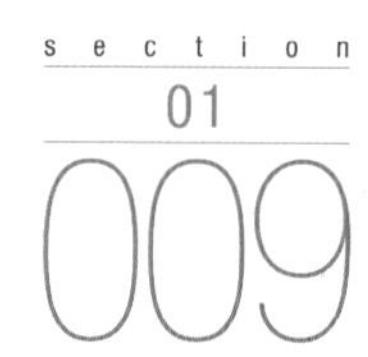

ダークモードで見た目も気分も一新しよう

夜間だけ目に優しい画面にすることもできる

iPhoneの画面は通常、白を基調とした明るい配色ですが、設定で黒を基調とした暗めの配色「ダークモード」に切り替えることができます。ダークモード中の画面は、見た目がクールでかっこいいという以外にも、いくつか利点があります。まず、全体の輝度が下がるので、ブルーライトの光量なども減り目に優しいです。特に周囲が暗い夜間では、画面も暗めの方が目が疲れません。また、光量が減ることでバッテリーの使用量を節約でき、動作が長持ちするメリットもあります。夜間だけ自動的にダークモードに切り替えることもできるので、目の疲れを感じるなら設定しておきましょう。なお、ダークモードに対応するのは、ホーム画面や設定画面の他に、標準アプリと一部の主要アプリで、サードパーティー製のアプリはダークモード表示に対応していないものもあります。

1 ダークモードに切り替える

「設定」→「画面表示と明るさ」で「ダーク」にチェックすると、すぐにダークモードになる。自動で切り替えるには、「自動」をオンにして「オプション」をタップ。

2 時間帯でモードを自動切り替えする

戻る　外観モードのスケジュール

自動的に外観を変更する時間を設定してください。iPhoneの画面の使用を終えるまで変更を待機する場合があります。

日の出から日の出まで

カスタムスケジュール ✓

ライト 7:00

ダーク 22:00

「オプション」では、自動的にダークモードにするタイミングを、日の入から日の出までに設定できるほか、「カスタムスケジュール」で時間帯を指定することもできる。

ダークモードで表示される画面

ホーム画面や設定画面

ダークモードに切り替えると、ホーム画面や設定画面が黒を基調とした配色になる。バックライトの光量が減るので目に優しく、バッテリーの節約にもなる。

マップやメールなど標準アプリ

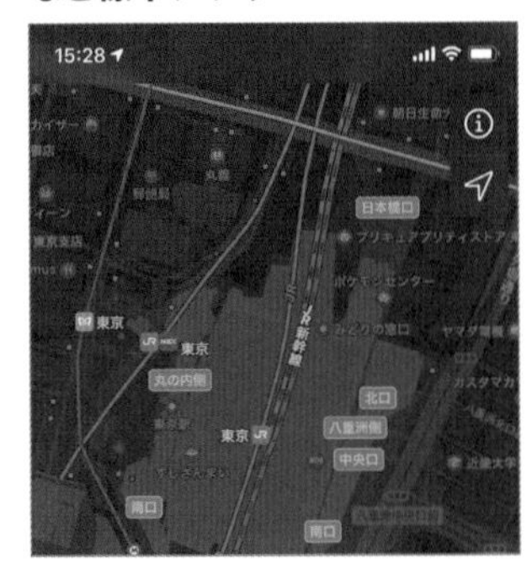

マップやメール、カレンダー、リマインダーなど、ほとんどの標準アプリはダークモードに対応しており、白黒反転して表示される。

TwitterやLINEなど一部のアプリ

標準アプリ以外では、Twitter、LINE、Instagram、Facebook Messengerなど、主要なアプリやサービスもダークモードに対応している。

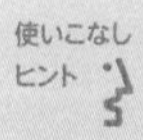

使いこなしヒント

コントロールセンターで切り替える方法

「設定」→「コントロールセンター」→「コントロールセンターをカスタマイズ」で「ダークモード」を追加しておくと、コントロールセンターからダークモードに切り替えできるようになる。手動ですぐ切り替えられるようにしておきたい場合は設定しておこう。

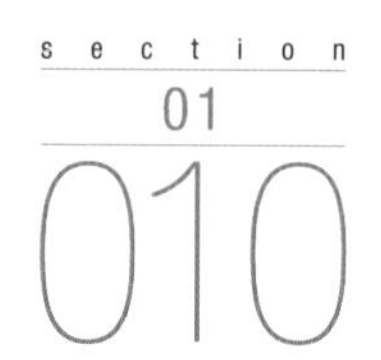

スマホ依存になる前にiPhoneの使用時間をチェック

アプリの利用時間がわかるスクリーンタイム機能

SNSや動画サイト、ゲームなどに夢中になってしまい、ついついiPhone片手に長時間遊んでしまう。本当は、もっとiPhoneの使用時間を減らして勉強や運動、睡眠に時間を費やしたいのに……。そんな人は、iPhoneの使いすぎを防ぐための機能「スクリーンタイム」を活用してみましょう。1日あたりの各種アプリの使用時間を確認したり、特定アプリを一定時間しか使えないように時間制限を設けることができます。まずは「設定」→「スクリーンタイム」で機能が有効になっているかを確認しましょう。時間制限などを設定したい場合は、「休止時間」や「App使用時間の制限」などの項目から設定すればOKです。なお、1日ごとに使用状況をレポートにまとめて通知してくれる機能もあります。

使いすぎを防ぐための各種機能も用意されている

1 スクリーンタイムを確認する

「設定」→「スクリーンタイム」では、iPhoneでどの程度の時間を費やしているかを把握できる。使いすぎ防止の制限機能も搭載。

2 画面を見ない時間帯を決める

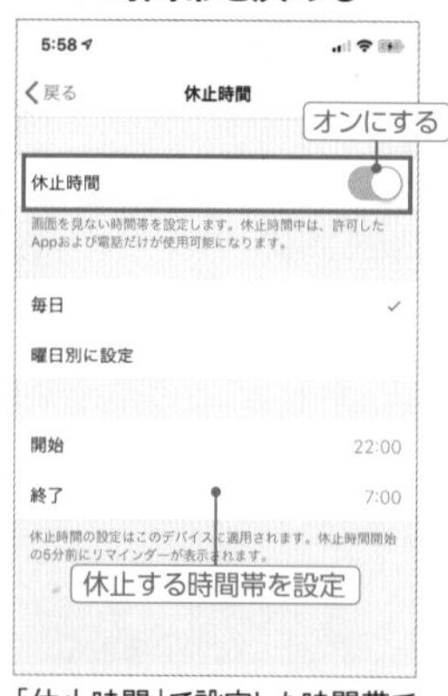

「休止時間」で設定した時間帯では、電話や許可したアプリしか使えなくなる。iPhoneを使いたくない時間を決めよう。

3 アプリの制限時間を決める

「App使用時間の制限」では、ゲームやSNSなどのアプリカテゴリごとに、1日の使用時間に制限を付けることができる。

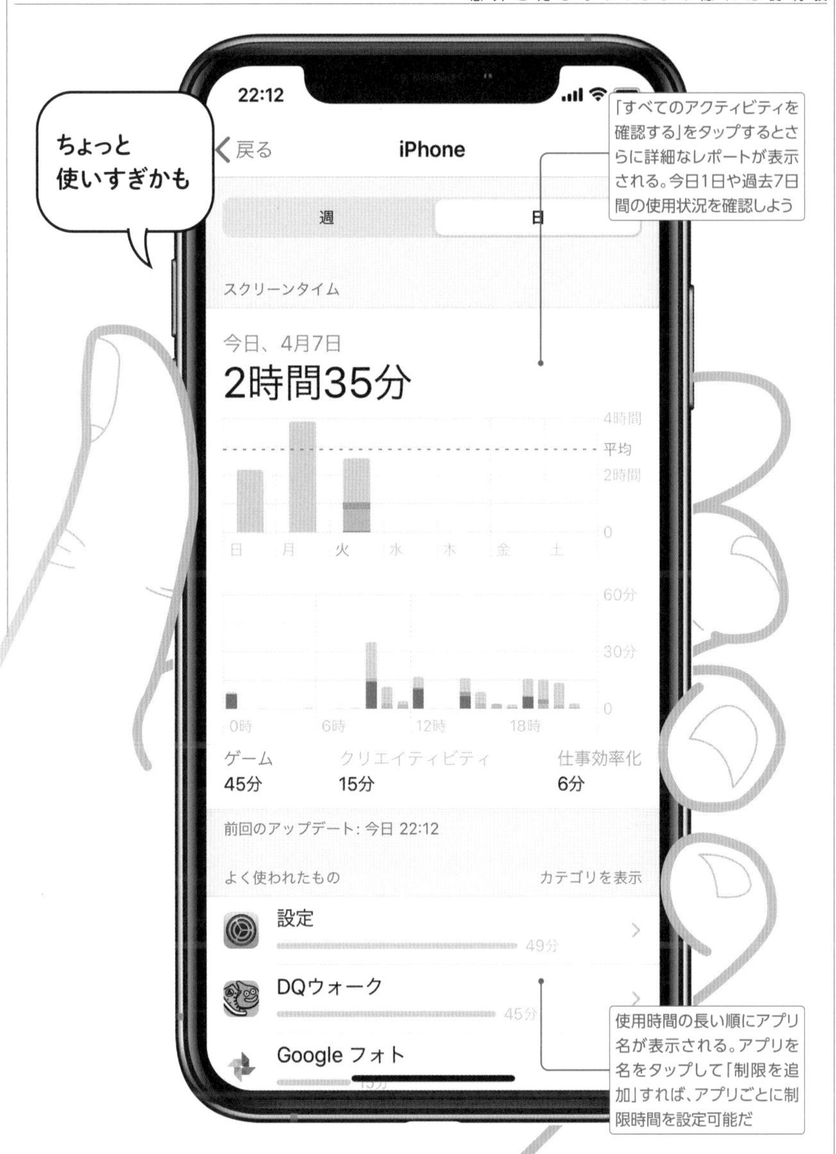

スクリーンタイムを活用すれば、iPhoneの利用時間、起動したアプリ、訪れたWebサイトなどを把握しつつ、使いすぎも防止できる。

section 01

011

「Hey Siri」と呼びかけてSiriを起動させよう

セキュリティ強化にも有効な機能

iOSには、音声アシスタント機能の「Siri」が搭載されています。Siriを起動するには、iPhone X以降の機種であればサイドボタン(電源ボタン)を長押し、ホームボタンのある機種であればホームボタンを長押しすればOKです。あとは「今日の天気は?」や「音楽を聴かせて」、「山田さんに電話して」などとiPhoneに話しかければ、Siriが検索結果の表示やアプリの操作などを行ってくれます。Siriはバージョンアップを重ねてますます賢くなっており、適当な言い回しでも意味を汲み取ってくれますし、ジョークにも反応してくれるなど、なかなか柔軟な対応を見せてくれる便利で楽しい機能です。ただし、プライバシーの観点から見ればやや危険な機能でもあります。例えば、「設定」→「Siriと検索」→「ロック中にSiriを許可」がオンになっており、「自分の情報」で自分の連絡先を登録した状態だと、他の人がロック画面でSiriを起動して「自分の連絡先」や「私は誰」などと話しかければ、自分の連絡先が表示されてしまうのです。これを防ぐためにも設定しておきたいのが、「Hey Siri」機能です。「設定」→「Siriと検索」→「"Hey Siri"を聞き取る」をオンにし、「続ける」をタップ。画面の指示に従っていくつかのセリフを読み上げ、自分の声を登録しておきましょう。iPhoneに「Hey Siri(ヘイシリ)」と呼びかけるだけで、Siriが起動するようになります。この時、Siriには自分の声を登録しているので、他人の声で「Hey Siri」と呼びかけても、Siriは起動しないというのがポイント。さらに、「設定」→「Siriと検索」→「サイド(ホーム)ボタンを押してSiriを使用」をオフにしておくことで、電源ボタンやホームボタンの長押しではSiriが起動しなくなり、「Hey Siri」という自分の声にだけ反応して起動する、という状態にできます。つまり、基本的に他人がSiriを利用できなくなるのです。セキュリティを考えるとこちらのほうが安全なので、ぜひ「Hey Siri」の設定を済ませておきましょう。

「Hey Siri」でSiriを起動させるための設定

1 「"Hey Siri"を聞き取る」をオンにする

「Hey Siri」と呼びかけてSiriを起動させたいなら、まず「設定」→「Siriと検索」→「"Hey Siri"を聞き取る」をオンにしておこう。

2 iPhoneに向かって指定されたセリフを言う

iPhoneに向かって、"Hey Siri"と言ってください

「Hey Siri」や「Hey Siri、今日の天気は?」など、いくつかセリフが表示されるので読み上げていこう。これにより自分の声を認識してくれるようになる。

左の設定を終えれば、「Hey Siri」と呼びかけるだけでSiriの画面が起動するようになる。

使いこなしヒント

ロック画面ではSiriを起動させない

「Hey Siri」の設定を済ませておけば自分の声にだけ反応するようになるが、確実ではない。Siriの利便性よりもセキュリティを最優先するなら、「設定」→「Siriと検索」→「ロック中にSiriを許可」をオフにしておこう。画面ロックを解除しないとSiriが起動しなくなる。

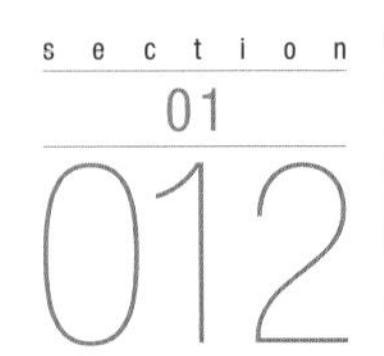

本当はもっと凄い！ Siriの知られざる活用法

Siriを使って各種操作をスピーディに実行

「Siri」は、iPhoneに話しかけることで情報の検索や、さまざまな操作を実行してくれる機能です。「最寄り駅はどこ?」や「近くのコンビニを探して」などと音声検索のために使っている人も多いでしょう。そのほかにも「○○円を5人で割り勘」と言って割り勘を計算したり、「この曲は何?」と言って曲名を調べたり、さらには「家に帰ったらごみを捨てるとリマインド」といってリマインダーに予定を登録したりなど、一歩進んだ使い方も可能です。また、No014の「ショートカット」アプリを使えば、よく使う操作を音声フレーズで呼び出すことができます。ここでは、普通に使っているとあまり気づかない、Siriの隠れた活用法を解説してきましょう。

Siriの基本的な使い方を覚えておこう

1 Siriの機能を有効にしておく

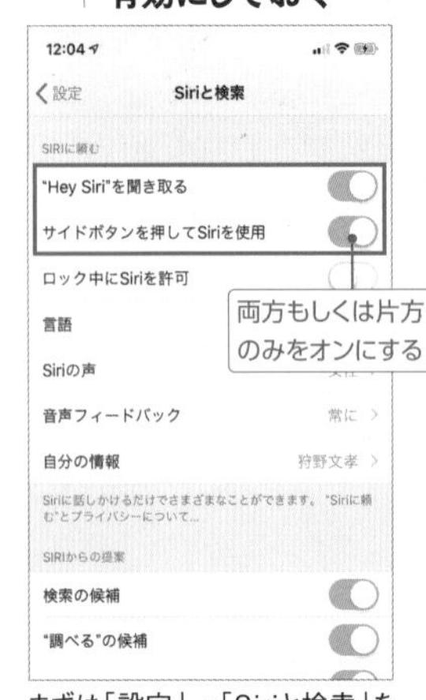

まずは「設定」→「Siriと検索」を確認。上で示した項目のどちらかがオンになっていれば、Siriを呼び出すことができる。

2 Siriを起動して情報を検索

電源やホームボタンの長押しでSiriを呼び出したら、「最寄り駅はどこ?」などと話しかけてみよう。即座に最適な検索結果が表示される。

3 Siriを介してアプリも操作可能

Siriを介してアプリの操作も可能だ。たとえば「明日7時に起こして」と話しかければ、時計アプリのアラームをセットしてくれる。

Siriにいろいろなことを頼んでみよう

周辺にあるコンビニをリストアップする

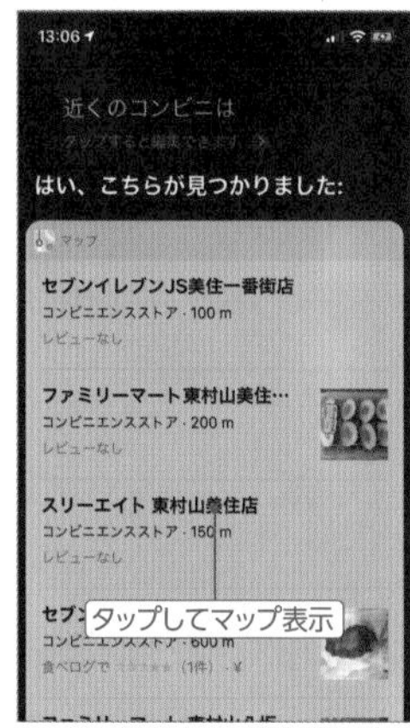

Siriに「近くのコンビニは?」と聞くと、周辺のコンビニを検索して一覧表示してくれる。コンビニ名をタップすればマップ表示もできる。

円やドルなどの通貨変換も簡単にできる

Siriは通貨変換も簡単に行える。「4000円をドルに変換」とSiriに頼んでみよう。即座に現在のレートで計算してくれるのだ。

飲み会の割り勘計算もSiriにおまかせ

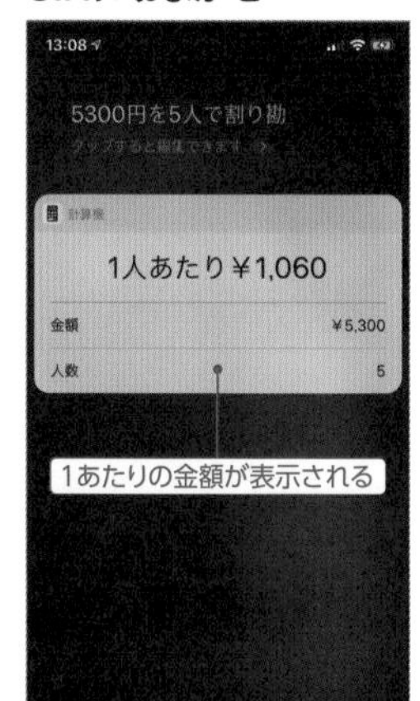

「5300円を5人で割り勘」と話しかければ、1人あたりの金額を計算してくれる。飲み会の幹事さんにはありがたい機能だ。

流れている音楽を聴き取って楽曲検索

「この曲は何?」とSiriに話しかけて曲を聴かせると、曲名を検索してくれる。BGMなどで流れている曲名を知りたいときに便利。

Siriでおみくじも引けてしまう

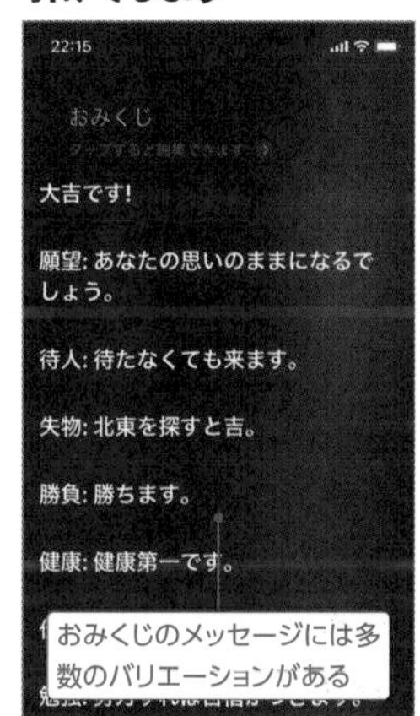

Siriに「おみくじ」と話しかけると、おみくじを引いてくれる。大吉や吉、小吉といった運勢や、ラッキーアイテムなどを教えてくれるのだ。

覚えておきたいことをリマインダーに登録

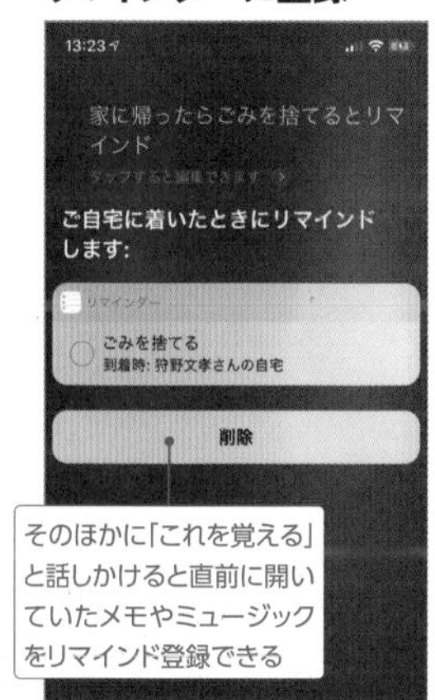

Siriに「家に帰ったらごみを捨てるとリマインド」と話しかければ、覚えておきたい要件をリマインドアプリに登録できる。

Siriの翻訳機能を使う

1 Siriの言語設定を確認しておこう

Siriは翻訳することもできる。まずは「設定」→「Siriと検索」→「言語」を確認してみよう。「日本語」になっていれば、日本語から英語などに翻訳可能だ。

2 日本語から英語に翻訳する

Siriを起動して「グランドセントラルまではどう行けばいいですかを英語で」などと話しかける。すると、英語の対訳が表示されて音声再生することが可能だ。

Siriに自分や家族を覚えさせる

1 「自分の情報」で自分の連絡先を選択する

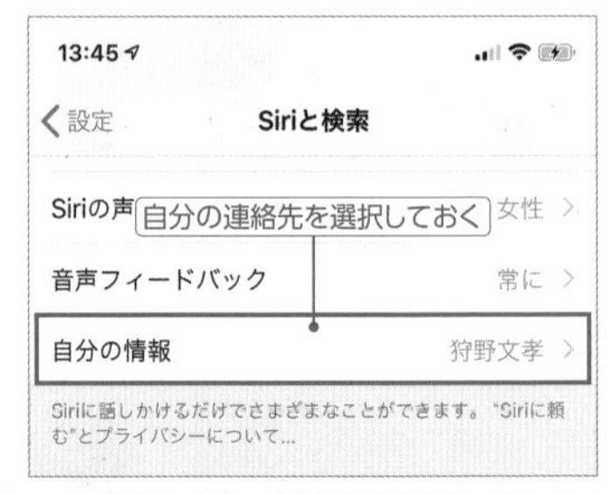

Siriに自分や家族の連絡先を覚えさせると、より便利に使うことができる。まずは「設定」→「Siriと検索」→「自分の情報」で自分の連絡先を選択しておこう。

2 家族の名前をSiriに覚えさせる

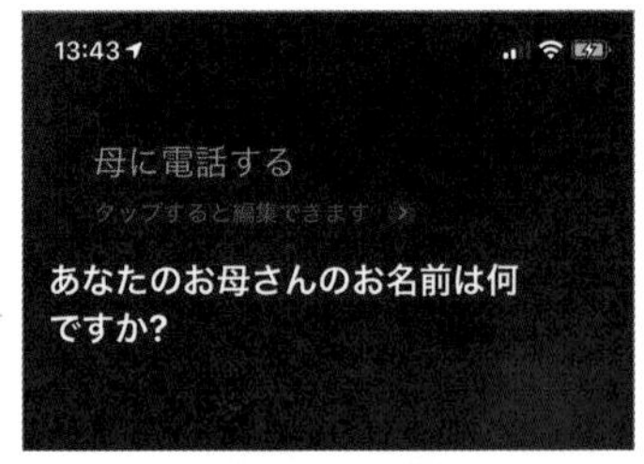

Siriに「母に電話する」などと話しかけてみよう。「あなたのお母さんのお名前は何ですか?」と聞かれるので、母親の名前を話しかけるか、母親の連絡先を選択。これでSiriが母の連絡先を覚えるのだ。ほかにも、兄や娘、妻、彼氏、上司なども登録できる。

使いこなしヒント

家族として登録した連絡先を削除・変更する

家族として登録した連絡先は、自分の連絡先カードに「関係と名前」情報として登録される。あとで変更や削除を行いたい場合は、「連絡先」アプリで自分の連絡先を開き、関係と名前の欄を編集しよう。

よく使う操作を音声で実行できる「Siriショートカット」

Siriでは、よく使うアプリの操作を登録しておき、Siriに話しかけるだけで自動的に実行させることもできます。これを「Siriショートカット」と言います。例えば「LINEで山田さんのトーク画面を開く」など、いくつかのタップが必要となる複雑な操作を登録しておけば、Siriに頼むだけでまとめて実行できるので、非常に便利です。Siriショートカットを登録するには、No014詳しくで紹介している「ショートカット」アプリが必要なので、まずはインストールを済ませましょう。

1 ショートカットを起動する

ショートカット
作者 Apple
価格 無料

Siriショートカットを登録するには「ショートカット」アプリが必要。インストールされていないなら、App Storeで入手しておこう。

2 登録したい操作の「+」をタップ

「ギャラリー」画面で「お使いのAppからショートカット」の「すべて表示」をタップすると、よく使うアプリの操作が一覧表示される。Siriに登録したい操作の「+」をタップしよう。

3 ショートカットに音声コマンドを入力

「音声コマンド」に、この操作をSiriで実行するための、短くて覚えやすいフレーズを入力して「Siriに追加」をタップ。

4 Siriに話しかけて操作を自動実行する

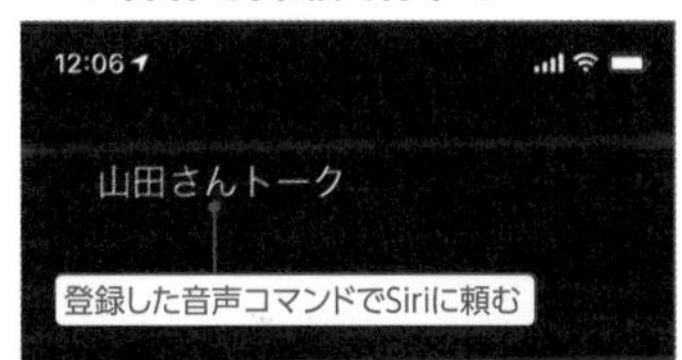

Siriを起動して、音声コマンドに登録したフレーズで話しかけてみよう。ショートカットの操作内容が自動的に実行される。

section 01

013 「Hey Siri」と「OK Google」の合わせ技が凄い

SiriからGoogleアシスタントを呼び出す裏技

iPhoneでGoogle製の音声アシスタントを使いたいときは、App Storeから入手できる無料アプリ「Googleアシスタント」を導入してみましょう。CMでおなじみの「OK Google」で音声検索が行えるようになります。とはいえ、実際に音声検索を利用するには、Googleアシスタントを起動してから「OK Google」と話しかける(もしくはマイクボタンをタップする)必要があります。これはちょっと面倒なので、No014の「ショートカット」アプリを利用して、Siriから呼び出せるようにしてみましょう。以下で解説する設定を済ませれば、「Hey Siri, OK Google」と話しかけるだけでGoogleアシスタントが起動するようになります。

あらかじめGoogleアシスタントを導入しておこう

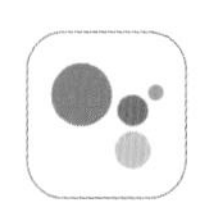

Googleアシスタント
作者 Google
価格 無料

1 アプリをインストールする

まずは、App Storeで「Googleアシスタント」アプリを探してインストールしておこう。

2 Googleアカウントでログインする

Googleアシスタントを起動したら、Googleアカウントでログイン。通知やマイクアクセスの許可などの初期設定も済ませておこう。

3 Googleアシスタントの設定完了

上の画面が表示されたら準備完了。これでGoogleアシスタントが使えるようになる。

SiriショートカットにGoogleアシスタントを割り当てる

1 ショートカットアプリを起動

「ショートカット」アプリの「ギャラリー」画面で「お使いのAppからショートカット」の「すべて表示」をタップ。

2 「Hey Google」の「+」をタップ

「Assistant」アプリに「Hey Google」というショートカットの候補が表示されるので、「+」をタップする。

3 「Ok Google」と入力する

「音声コマンド」に「Ok Google」と入力しておき、「Siriに追加」をタップしてショートカットを登録しておこう。

「Hey Siri」でSiriを呼び出せるようにしておけば(No011参照)、「Hey Siri, OK Google」と話しかけるだけでGoogleアシスタントが起動する。あとはGoogleアシスタントで音声検索を実行しよう。

いつもの操作をワンタップで実行するショートカット機能

複数アプリを組み合わせた処理を自分で作成

iPhoneでいつも行う操作をワンタップで実行したいなら、Apple製の無料アプリ「ショートカット」を導入してみましょう。複数アプリを組み合わせた各種操作をショートカットとして登録し、ウィジェットやSiriショートカットから実行するという優れものです。たとえば、「ランニング用のプレイリストを再生」や「ビデオからGIFを作成」といったアクションを登録しておけば、いつでも即座に実行することができます。ショートカットはゼロから自分で作ることも可能ですが、最初は「ギャラリー」から気になるショートカットを探してみましょう。簡易的なスクリプティング(入力の要求や条件分岐など)も可能なので、慣れればさらに高度な動作も実現できます。

ウィジェットやSiriなどから登録したショートカットを実行

ショートカット
作者 Apple
価格 無料

高度なアクションを自分で登録できる

アプリを起動したら、「マイショートカット」画面の「+」ボタンから新規ショートカットを作成できる。作成したショートカットは、ウィジェット画面から呼び出すことが可能だ。

ギャラリーからショートカットを登録してみよう

1 ギャラリーから ショートカットを選択

「ショートカット」アプリを起動したら「ギャラリー」を表示。気になるショートカット項目をタップしよう。

2 ショートカットの 概要を確認

ショートカットの概要や連携アプリが表示されるので、問題なければ「ショートカットを追加」をタップ。

3 ショートカットを 設定する

ショートカットによってはいくつかの設定が必要になる。表示される内容に従って設定をしていこう。

4 ショートカットの 登録完了

ショートカットの登録が完了すると、「マイショートカット」画面でボタンが表示される。このボタンをタップすれば実行可能だ。

5 アクションを 確認する

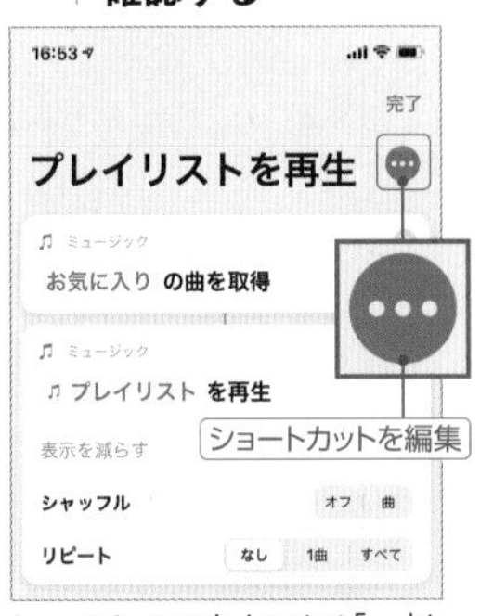

ショートカットの右上にある「…」をタップすると、詳細なアクションを確認できる。さらに右上の「…」をタップすると内容を編集できる。

6 Siriで呼び出す フレーズを変更

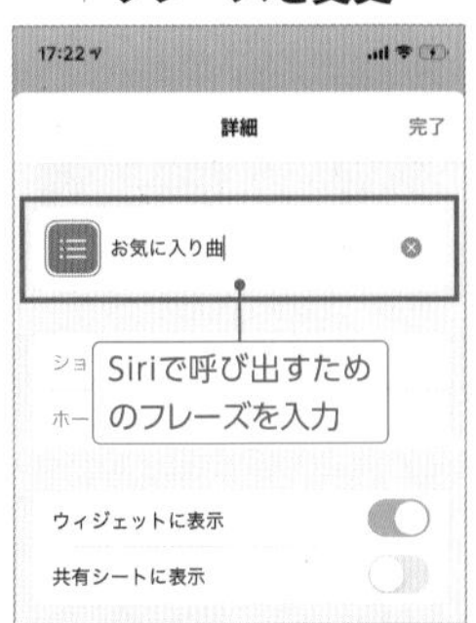

ショートカット名は、そのままSiriで呼び出す音声コマンドにもなる。名前を変更すれば、Siriで呼び出すフレーズを変えられる。

section 01

015 iPhone同士なら写真の受け渡しも一瞬で完了

AirDropでファイルを手軽に送受信できる

iPhone内にある写真を友達に渡したい、または家族が撮った写真を自分のiPhoneに保存したい場合、あなたはどんな方法で写真を送受信しますか？　一般的には、メールやLINE、クラウドストレージを使う、といった方法を取るでしょう。ただ、もし写真を交換する人同士が近くにいて、どちらもiPhoneやiPadを使っているのであれば、「AirDrop」を使ったファイル送受信がもっとも手軽です。AirDropを使うには、双方の端末が近くにあり、それぞれWi-FiとBluetoothがオンになっている必要があります。なお、Wi-Fiはアクセスポイントに接続している必要はありません。使い方は簡単。受信側の端末でAirDropの設定を「すべての人」にしておき、送信側で写真を共有するだけです。写真のほかにも、連絡先やメモ、ブックマークなど、さまざまな情報を交換できるので使いこなしてみましょう。

AirDrop受信側の設定を「すべての人」にしておく

1 コントロールセンターを開く

コントロールセンターを開き、機内モードやWi-Fiのボタンが表示されている枠内をロングタップ。

2 「AirDrop」をタップ

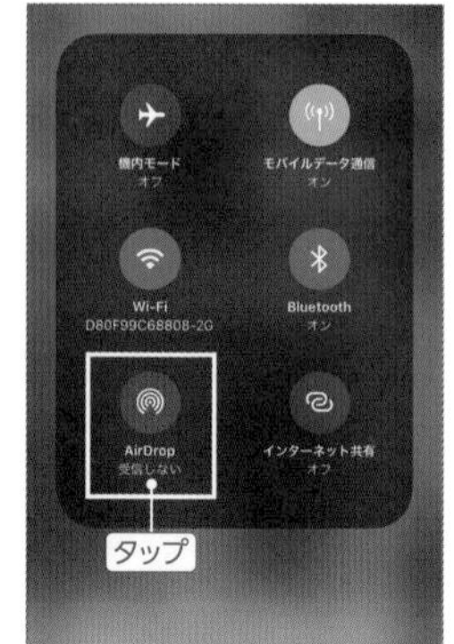

上のように画面が切り替わるので、「AirDrop」のアイコンをタップ。

3 「すべての人」に設定する

AirDropを使う場合は、一時的に「すべての人」に切り替える。

AirDropを使った写真の送信方法

1 送信側で写真を選んで共有ボタンをタップ

写真を送りたい端末側で、写真アプリを起動。送信したい写真を開いたら、左下の共有ボタンをタップしよう。複数の写真を選択して共有ボタンをタップしてもよい。

2 AirDropで送りたい人のiPhoneを選択

受信側の端末でAirDropの受け入れ体制が整っていれば、そのiPhone名が表示されるのでタップ。「AirDrop」ボタンをタップすれば、共有相手が表示される場合もある。

3 受信側に写真が送信される

受信側に写真が送られると、上のような画面が表示される。「受け入れる」をタップすれば、写真が受信され写真アプリに保存されるのだ。

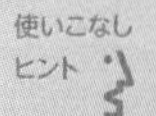

使いこなしヒント

AirDropの受信が終わったら「受信しない」にしておこう

AirDropによる受信が終わったら、受信側のAirDrop設定を「受信しない」に変更しておこう。「すべての人」のままにしておくと、他人にあなたのiPhone名を見られたり、不快な写真を送られたりする危険がある。

着信音のボリュームもボタンで調整できるようにする

着信音や通知音の音量を手軽に変更できる

iPhoneの音量には、「音量」と「着信/通知音量」という2つの種類が存在し、それぞれ個別に設定することができます。「音量」とは、アプリ内の音や動画・音楽再生時の音やゲームの音、電話の通話音などの音量。「着信/通知音量」とは、電話などの着信音や通知音、アラーム音に関する音量です。端末の側面にある音量ボタンでは、基本的に前者の「音量」の方を調整できます。音量ボタンで「着信/通知音量」を操作したいという場合は、「設定」→「サウンドと触覚」にある「ボタンで変更」をオンにしておきましょう。これで着信音や通知音の音量を手軽に調整できます。なお、音楽や動画再生時には、ボタン操作が「音量」に自動で切り替わるので便利です。

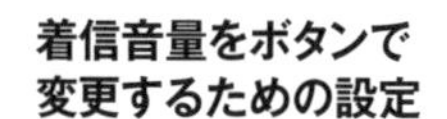

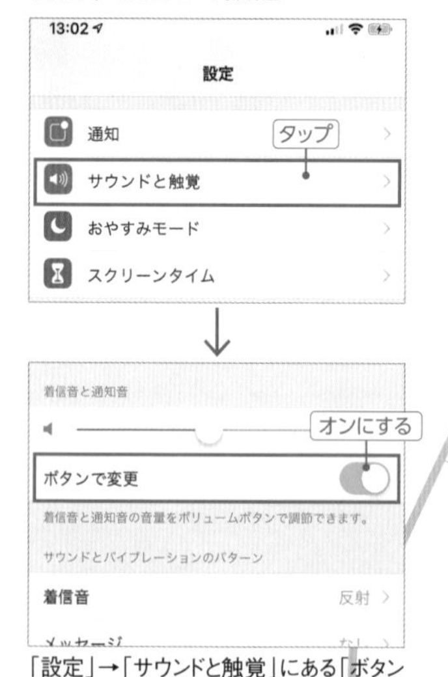

「設定」→「サウンドと触覚」にある「ボタンで変更」をオンにしておこう。これで、本体横の音量ボタンを操作することで「着信音/通知音量」が操作できる。

わずらわしい通知は躊躇なくオフにしていこう

通知センターから通知の表示方法を管理できる

何も考えずにたくさんのアプリをインストールしたら、通知が頻繁に表示されるようになってしまってわずらわしい……。そんな人は、通知の設定を見直してみましょう。通知センターに通知が残っているなら、オフにしたい通知を左にスワイプして「管理」をタップ。「目立たない形で配信」を選べば、通知は通知センターのみで表示されるようになり、サウンドやバナー、バッジ表示もオフになります。「オフにする」を選べば、完全に通知をオフにすることが可能です。あまり使わないアプリの通知は、思い切ってオフにしましょう。また、メールの通知はアカウントごとに設定可能なので、メルマガしかこないようなアカウントもオフにしておくとすっきりします。

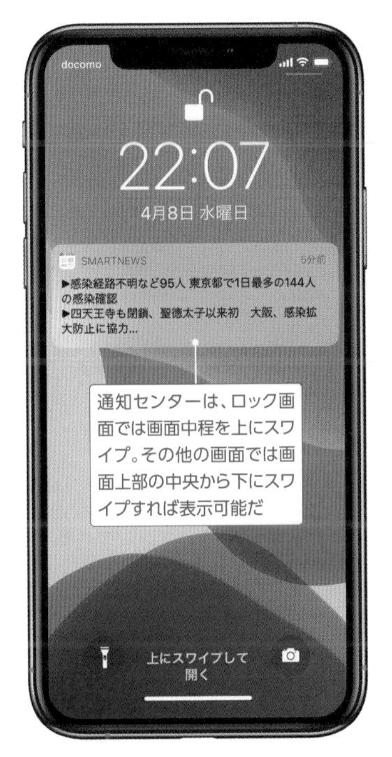

必要ない通知を目立たないようにする

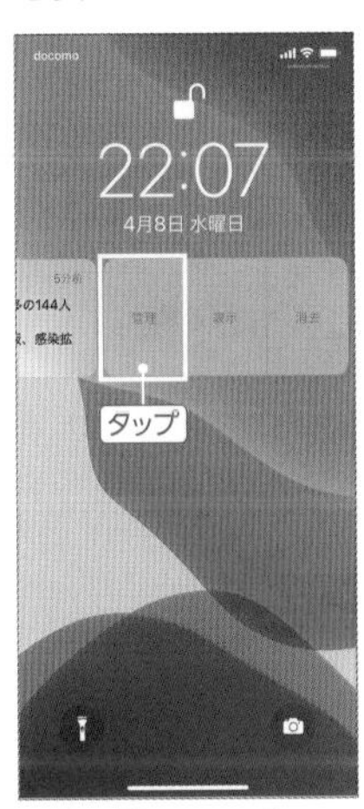

直近の通知をオフにするのであれば、通知センターの通知を左にスワイプして（スワイプし過ぎると消去されるので要注意）、「管理」をタップ。続けて「目立たない形で配信」か「オフにする」を選択しよう。

通知センターに表示されないアプリの場合は、「設定」→「通知」でアプリを選び、「通知を許可」をオフにしよう。

通知はバッジだけでも十分伝わる

バナー表示や通知音が邪魔に感じる人へ

iOSの通知機能は、電話の着信やアプリの最新情報を見逃さずに済むので大変便利です。ただし、過度な通知は邪魔になることも。たとえば、動画を楽しんでいるときや勉強しているときに、通知表示や通知音が何度も繰り返されるのはうっとうしいものです。とはいえ、通知が邪魔だからといって、アプリの通知をすべてオフにしてしまうのも現実的ではありません。そんなときは、アプリの通知を「バッジ」表示のみにしてしまいましょう。「ロック画面」や「通知センター」、「バナー」といった通知表示（以下参照）や通知音をオフにするので、通知が発生しても邪魔になりません。もちろん、通知があったかどうかはバッジ表示で判別可能です。即座に反応する必要がないアプリの通知設定におすすめです。

通知の表示方法には次の3種類がある

ロック画面

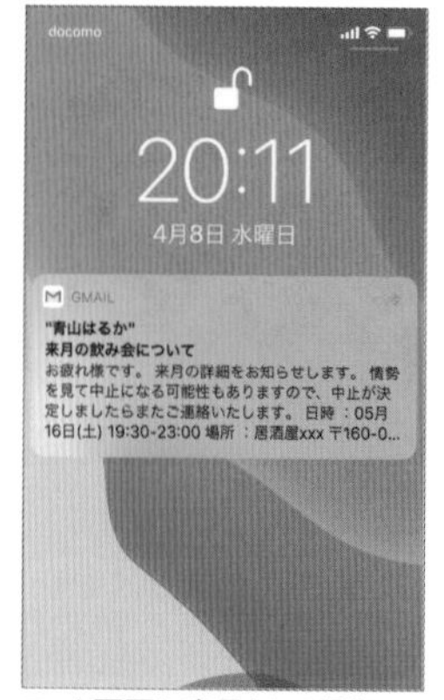

ロック画面に表示される通知。スリープ時に通知が配信されると表示され、ロック画面だけで直近の通知を確認できる。

通知センター

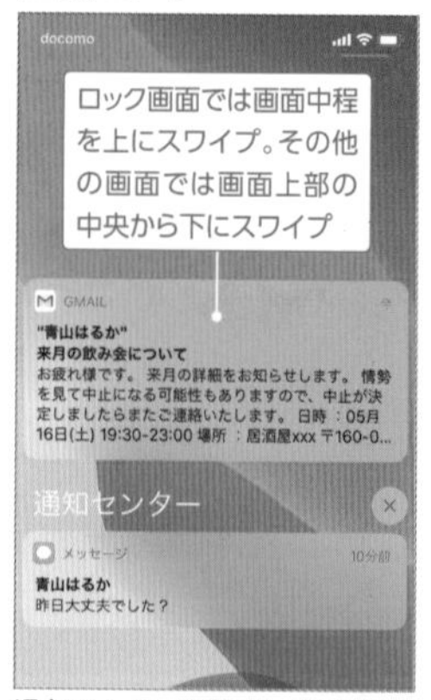

通知センターを開くと、過去に受け取った通知も確認できる。通知センターの開き方は、ロック画面とその他の画面で異なる。

バナー

iPhone使用中に通知が配信されると、画面上部にバナー形式で表示される。かなり目立つので重要な通知に使いたい。

通知をバッジ表示だけにする方法

設定のスイッチをオンにする

「設定」→「通知」を表示して、アプリごとの通知設定を行おう。通知がそれほど必要ないアプリは、バッジ表示だけにして、あとはオフにするのがオススメ。

通知が配信されると、アプリアイコンに赤い数字が表示される。即座に反応する必要がなければ、これだけで通知の効果は十分だ。

使いこなしヒント

バッジ表示のみにしておきたいアプリとは？

通知が重要なアプリは、電話やメール、LINE、SNS系など、即時対応が必要になるものだ。それ以外のアプリで通知が邪魔と感じたものは、すべてバッジ表示にしておいてもそれほど問題は発生しない。なお、メールやメッセージ、LINEも、レスポンス速度を気にしなければバッジのみでかまわないだろう。迷惑メッセージが大量に来てもそれほど気にならなくなる。

パスワードはぜんぶ iPhoneに覚えてもらおう

複雑なパスワードを自動生成&自動入力

アプリやWebサービスで新規アカウントを作成する場合、必ず設定するのがパスワードです。パスワードを覚えるのが面倒で、単純なパスワードを使いまわしている人もいるかもしれません。しかし、今の時代、パスワードの使い回しは非常に危険です。万が一、あるサービスで使っていたアカウント情報が漏れてしまった場合、パスワードを使いまわしているほかのサービスも同時に乗っ取られる可能性があります。また、パスワードは、少なくとも10文字以上の長さで、数字や記号、アルファベットなどを組み合わせた複雑なものを使うことが推奨されます。「そんな複雑なパスワード覚えられない……」と思う人もいるでしょう。そもそも、自分の頭でパスワードを覚えるのは無理なので、パスワード管理系のアプリや機能を使いましょう。そこで活用したいのが、「iCloudキーチェーン」というiOSの標準機能です。これを使えば、ログインに必要なメールアドレスやパスワードをiCloudに保存し、次回のログイン時にワンタップで呼び出して自動入力することが可能。保存したパスワードは、同じApple IDを使っているiPhoneやiPad、Macにも自動同期されるので、別の端末で再度ログインする際もパスワードの自動入力が行えます。ほかにも、新規アカウント作成時に強力なパスワードを自動生成したり、同じパスワードを使いまわしているアカウントを警告したりなどの機能も備えています。iCloudキーチェーンを使えば、面倒だったパスワード管理が安全かつ手軽に行えるようになるのです。各種アプリやWebサイトへのログインが断然ラクになるのでぜひ使いこなしてみましょう。なお、「1Password」など、他社製のパスワード管理アプリをすでに使っている人は、iCloudキーチェーンと連携させることが可能です。たとえば、パスワードの自動入力時に表示される鍵マークをタップすると、iCloudキーチェーンと他社製アプリのどちらの情報を使うかを選択することができます。設定次第では、iCloudキーチェーンは使わず、他社製アプリのみを使うといったことも可能です。パスワードの自動入力関連は、「設定」→「パスワードとアカウント」→「パスワードを自動入力」から管理できるので、自分の好きなように設定しておきましょう。

iCloudキーチェーンならパスワードを保存して自動入力できる

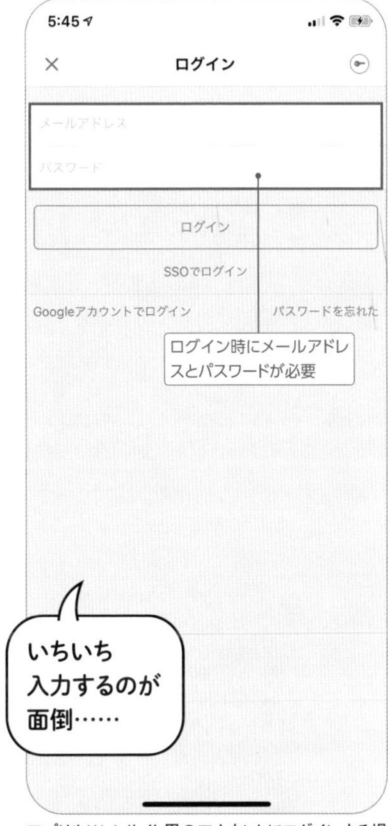

アプリやWebサイト用のアカウントにログインする場合、メールアドレスやパスワードを入力する必要がある。いちいち思い出して入力するのは結構面倒だ。

iCloudキーチェーンを利用すれば、メールアドレスとパスワードを保存して、ワンタップで自動入力できる。複雑なパスワードをすべて覚える必要もない。

使いこなしヒント

Webサイトでの自動入力はSafariで利用可能

iCloudキーチェーンの自動入力機能は、Webサイトでのログイン時にも利用できる。ただし、Safariを利用しているときのみだ。Chromeなど他社のブラウザではiCloudキーチェーンを利用できない。

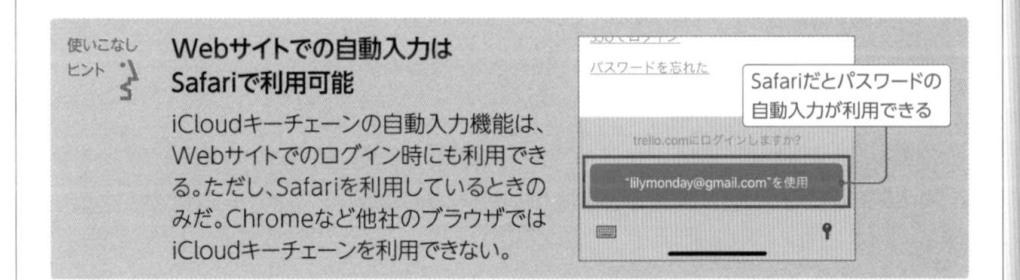

iCloudキーチェーンを有効にしておこう

1 Apple ID名をタップ

まずは、iCloudキーチェーン機能が有効かどうか確認しよう。「設定」からApple ID名をタップ。

2 iCloudの設定を表示する

Apple IDの管理画面になるので「iCloud」をタップする。

3 キーチェーンをオンにする

iCloudのサービス一覧から「キーチェーン」をタップ。「iCloudキーチェーン」をオンにしておこう。

新規アカウント作成時にパスワードを自動生成する

1 パスワードを自動生成する

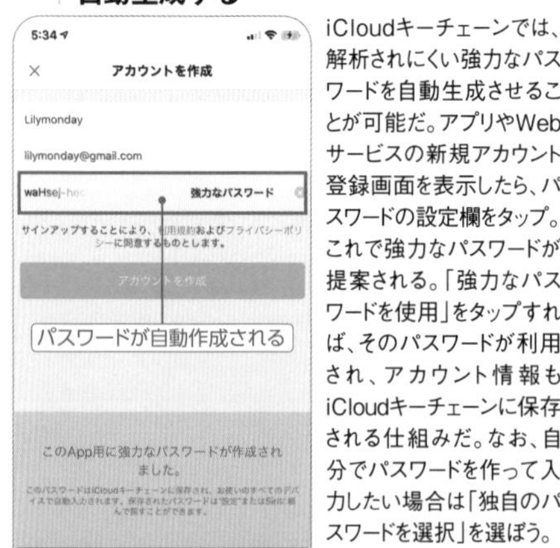

iCloudキーチェーンでは、解析されにくい強力なパスワードを自動生成させることが可能だ。アプリやWebサービスの新規アカウント登録画面を表示したら、パスワードの設定欄をタップ。これで強力なパスワードが提案される。「強力なパスワードを使用」をタップすれば、そのパスワードが利用され、アカウント情報もiCloudキーチェーンに保存される仕組みだ。なお、自分でパスワードを作って入力したい場合は「独自のパスワードを選択」を選ぼう。

2 「パスワードを保存」をタップする

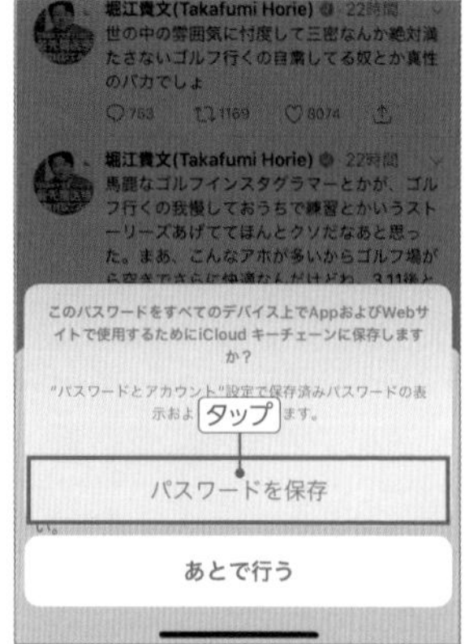

新規アカウントを登録すると、上のような表示が出るので「パスワードを保存」をタップしよう。これで同じApple IDを利用しているすべてのデバイスでパスワードが共有される。

ログイン時に保存したパスワードを自動入力する

1 パスワードの自動入力をオンにする

パスワードの自動入力を使うなら、「設定」→「パスワードとアカウント」→「パスワードを自動入力」をオンにしておこう。

2 保存されているアカウントを選択

アプリやWebサービスでログイン画面を表示しよう。キーチェーンに保存されているアカウント情報がキーボードの上に表示される。

3 アカウント情報が自動入力される

自動入力したいアカウントをタップすれば、メールアドレスやパスワード入力欄に自動入力される。これで簡単にログインが可能だ。

保存しているパスワードを管理する

1 保存されているパスワードを確認

キーチェーンに保存されているアカウント情報を管理したい場合は、「設定」→「パスワードとアカウント」→「WebサイトとAppのパスワード」をタップしよう。

2 アカウント情報を管理する

保存されたアカウント情報が一覧表示される。ここからパスワードの変更や削除などが可能だ。

使いこなしヒント

ほかのパスワード管理アプリと連携する

「1Password」などのパスワード管理アプリを使っている場合は、キーチェーンの自動入力時に鍵マークから切り替えることができる。「設定」→「パスワードとアカウント」→「パスワードを自動入力」をタップし、連携したいアプリ名にチェックを入れておこう。

1Password
作者 AgileBits Inc.
価格 無料

操作につまづくいらない機能は無効にしておく

不要な機能はオフにして使いやすく

iOSには、さまざまな機能が搭載されています。しかし、人によってはまったく使われない機能があることも確かです。これらを有効にしたままにすると、誤操作の原因にもなります。自分に不要な機能は、積極的にオフにしておくといいでしょう。たとえば、音声検索のSiri。「Siriに話しかけるのは恥ずかしいから、あまり使わない……」という人も多い機能です。Siriをまったく使わないのであれば、設定から完全にオフにしておきましょう。これで間違えてSiriを起動してしまうこともなくなります。そのほかにも、使わないのであればオフにしておきたい機能をいくつか紹介しておきます。自分好みの設定にして、iPhone環境をさらに快適にしておきましょう。

Siriを無効にする方法

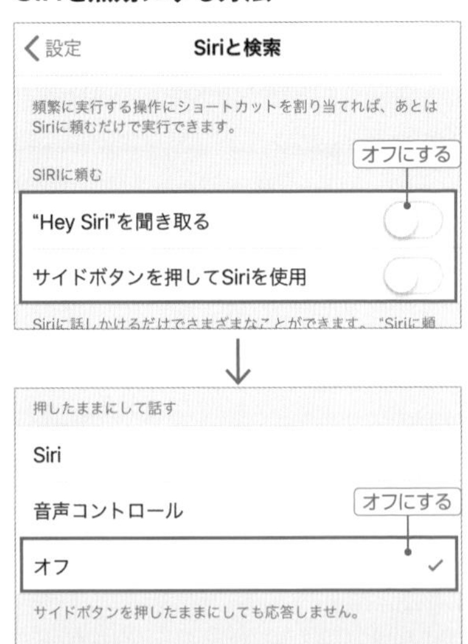

Siriを無効にするには、「設定」→「Siriと検索」にある上の2つのスイッチをオフにする。さらに、「設定」→「アクセシビリティ」→「サイドボタン(ホームボタン)」でオフを選択しておこう。

使わないのであれば無効にしておきたい機能

「シェイクで取り消し」をオフにする

iPhoneを振ると1つ前の動作を取り消せる機能。誤動作することもあるので、必要なければ「設定」→「アクセシビリティ」→「タッチ」→「シェイクで取り消し」をオフにしておこう。

「3D Touch」をオフにする

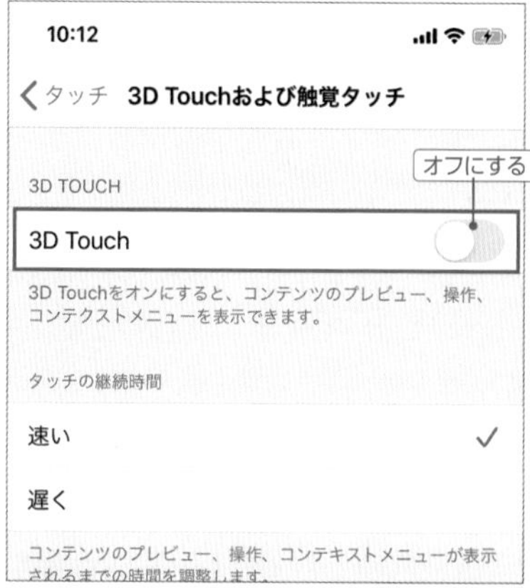

一部の旧モデルに搭載されている3D Touchは、画面の感圧センサーを使って押し込みを検出する機能だ。あまり使う機会がないのであれば、「設定」→「アクセシビリティ」→「タッチ」→「3D Touch」か「3D Touchおよび触覚タッチ」で「3D Touch」をオフにしておこう。

キーボードの音声入力をオフにする

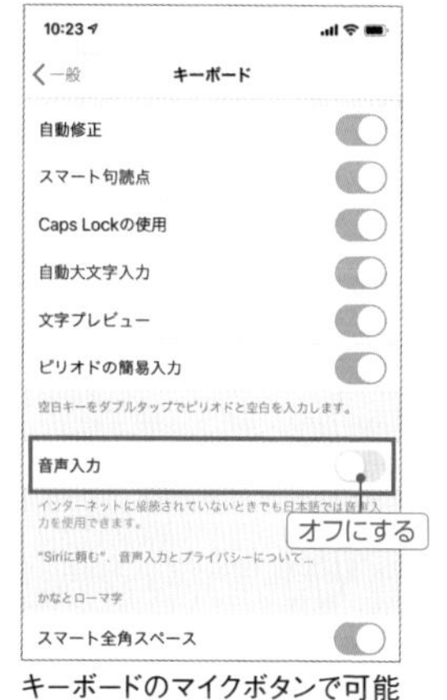

キーボードのマイクボタンで可能な音声入力。これが不要なら「設定」→「一般」→「キーボード」→「音声入力」をオフに。

ホーム画面などの視差効果を減らす

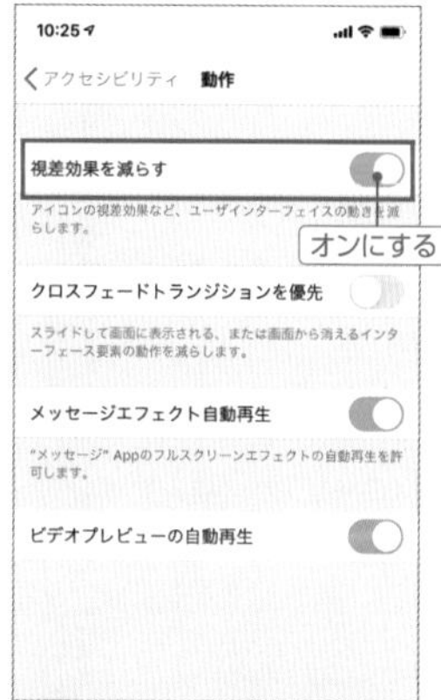

「設定」→「アクセシビリティ」→「動作」→「視差効果を減らす」をオンにすれば、ホーム画面などのアニメーションを減らせる。

「簡易アクセス」を無効にする

簡易アクセス機能を使わないのなら、「設定」→「アクセシビリティ」→「タッチ」→「簡易アクセス」をオフにしておこう。

「iPhoneを探す」は必ず設定しておこう

端末紛失時に役立つ機能を使えるようになる

iPhoneをどこかに忘れてしまった……といったときに役立つのが「iPhoneを探す」機能です。万が一端末を紛失しても、iCloud.com(https://www.icloud.com/)のサイトやほかのiOS端末から、端末の現在位置をマップで表示することができます。また、iPhone自体を紛失モードにしてロックを掛け、メッセージの表示やアラート音の再生、端末内のデータ消去を行うことも可能です。ただし、これらの機能を利用するには事前の設定が必要になります。まずは「設定」でApple ID名をタップし、「探す」→「iPhoneを探す」をオンにしておきましょう。また、「オフラインのデバイスを探す」や「最後の位置情報を送信」をオンにしておけば、iPhoneがオフラインの状態でも発信するBluetoothビーコンで位置情報を取得したり、バッテリーがなくなる直前の最後の位置を確認することができるので、すべてオンにしておきましょう。

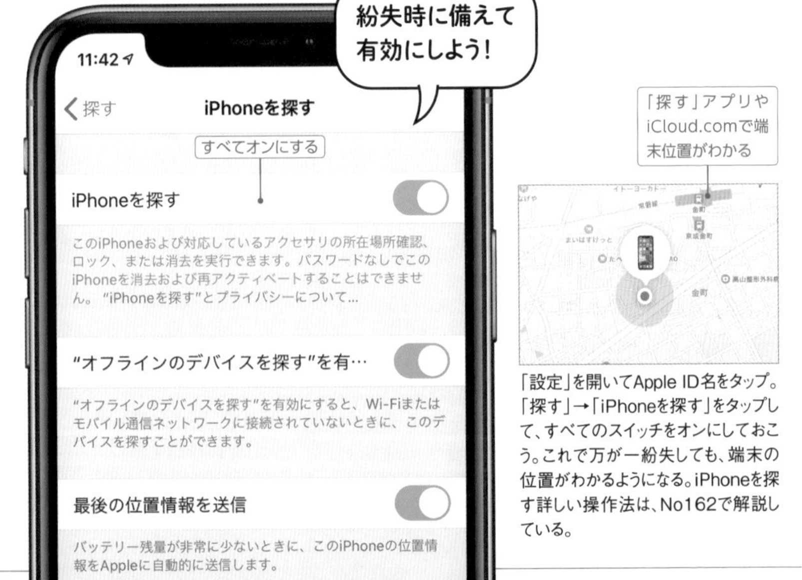

「設定」を開いてApple ID名をタップ。「探す」→「iPhoneを探す」をタップして、すべてのスイッチをオンにしておこう。これで万が一紛失しても、端末の位置がわかるようになる。iPhoneを探す詳しい操作法は、No162で解説している。

section 01
022

カーソルをスイスイ動かすキーボード操作術

ドラッグでカーソルを直接操ろう

文章に文字を挿入したい場所を指でタップしても、うまく目的の場所が指定できなくてイライラする……といった経験は誰しもあると思います。そんな時は、カーソルを指でタッチし、そのままドラッグしてみてください。カーソルが大きく見やすく表示されて、目的の位置にスムーズに移動できるようになるはずです。この大きくなったカーソルは、左右に動かすと指に隠れて見づらいので、一度上か下にドラッグするのがポイント。上下にドラッグした場合、カーソルは必ず指より少し上に表示されます。そのまま左右にドラッグすれば、指に隠れることなくカーソル位置を調整できます。これはメモなどのアプリだけでなく、Safariのアドレスバーなど、1行分の入力欄しかない場合でも使えるテクニックなので覚えておきましょう。

カーソルを上下にドラッグしよう

文字を挿入したい大まかな場所をタップしてカーソルを表示さたら、一度上下にドラッグしてみよう。指の少し上にカーソルが拡大表示され、挿入位置を正確に確認しながらカーソルを動かせるようになる。

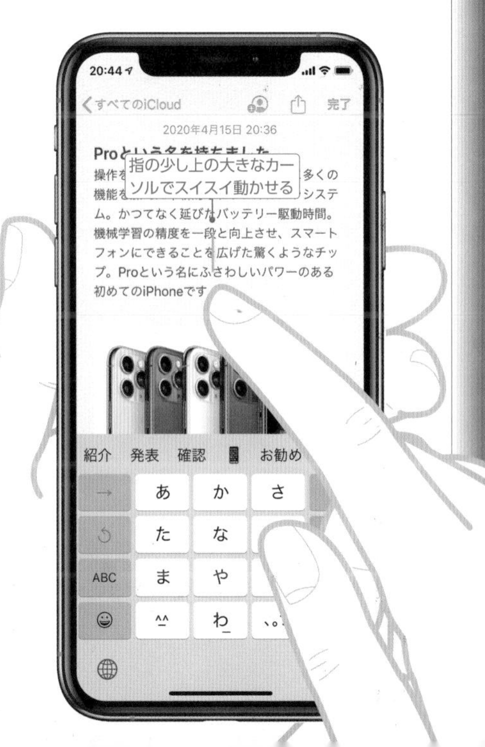

複数回タップで文章を効率よく選択する

単語や文章、段落は簡単に選択できる

iPhoneで文章を選択する時は、文字をロングタップしてそのままドラッグで選択するか、もしくはカーソルをタップして表示される編集メニューから「選択」をタップし、左右端のカーソルをドラッグして選択範囲を調整していると思います。文章の一部だけを選択したい時はこの方法でいいのですが、選択する範囲が単語や文章、あるいは段落ごとであれば、もっと素早く選択する方法があるので覚えておきましょう。まず文章を2回タップすると、タップした位置の単語を範囲選択します。3回タップすると、タップした文字を含む文章を範囲選択します。4回タップすると、タップした文字を含む段落を範囲選択します。これらの操作は「メモ」アプリなどで利用できますが、アプリによっては対応していないこともあるので注意しましょう。

文章を選択するとき、文字をロングタップして選択したい範囲までドラッグしたり、編集メニューの「選択」をタップしてから範囲カーソルで調整する方法だと、自分で好きな範囲を選択できるが、操作は少し面倒だ。単語や文章、段落単位で選択したいときは、文字を2回〜4回連続タップしてみよう。

複数回タップでまとまった文を選択できる

2回タップで単語を選択

文章内の単語だけを素早く選択したい場合は、2回タップしよう。タップした位置の単語が範囲選択される。

3回タップで文章を選択

句点(。)で区切られた文章を選択したい場合は、3回タップしよう。タップした文字を含む文章が範囲選択される。

4回タップで段落を選択

段落ごとひとまとめに選択したい場合は、4回タップしよう。タップした文字を含む段落が範囲選択される。

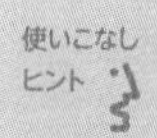

全文選択したい時は「すべてを選択」が早い

すべての文章を選択したい場合は、文字をタップしてカーソルを挿入し、そのカーソルをタップ。するとカーソルの上部に編集メニューが表示されるので、「すべてを選択」をタップしよう。この画面の文章や写真なども含めて、全文選択された状態になる。

メールアドレスを辞書登録しておくと何かとはかどる

ユーザ辞書によく使う単語を登録しよう

iOSには、日本語変換用のユーザ辞書機能があり、よく使う単語などを自分で登録しておくことができます。ユーザ辞書は、変換しにくい単語とよみをセットで登録するのが基本です。また、単語だけでなく短い文章も登録可能。たとえば、「よろ」と入力したら「よろしくお願いいたします。」と予測変換させるようなことができます（ただし、改行を含んだ文章は登録不可）。メールでよく使う挨拶文などを辞書登録しておくと、メール作成の効率もあがるでしょう。また、よく使うメールアドレスを単語として登録し、よみに「めーる」と設定しておけば、「めーる」と入力するだけでメールアドレスに変換できるようになります。これで、アカウント作成やログイン時におけるメールアドレス入力の手間を大幅に削減可能です。なお、登録したユーザ辞書は、iCloudを介してほかのiOSデバイスにも同期されます。ユーザ辞書をうまく活用して、ストレスのない快適な文字入力環境を整えておきましょう。

日常的によく使う文章や変換しにくい単語は、ユーザ辞書に登録しておこう。テキスト入力がスムーズになる。

ユーザ辞書に単語を登録して利用する方法

1 ユーザ辞書の設定画面を表示する

ユーザ辞書を設定する場合は、「設定」→「一般」→「キーボード」→「ユーザ辞書」をタップする。

2 ユーザ辞書を新規登録する

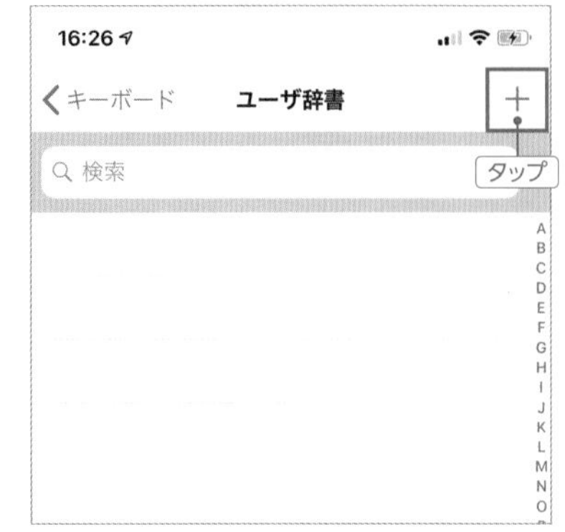

現在登録されているユーザ辞書の一覧画面が表示される。辞書を新規登録するには「+」をタップしよう。

3 ユーザ辞書の単語とよみを登録する

辞書に登録する単語とよみを設定する。ここでは単語にメールアドレス、よみに「めーる」と入力した。右上の「保存」で辞書登録は完了だ。

4 登録した単語は予測変換で利用できる

メモアプリなどで「めーる」と入力してみよう。キーボード上部の予測変換候補に、辞書登録したメールアドレスが表示されるはずだ。

使いこなしヒント

そのほかユーザ辞書に登録しておくと便利な単語

ユーザ辞書には、矢印(→)や好きな顔文字など、よく使う記号などを登録しておくと便利です。また、自宅の郵便番号や住所、電話番号なども辞書登録しておくと住所登録時の入力作業がスムーズになります。

文章の変換はたとえ確定した後だってやり直せる

あらためて入力し直す必要なし

テキスト入力時に誤変換した単語や文章を見つけた場合、あなたはどのように修正しますか？　通常であれば、誤変換したテキスト部分を削除し、正しいテキスト再入力する、という手順になるでしょう。しかし、もっと効率的な方法があります。それは、テキストの再変換機能を使うワザです。iOSでは、変換を確定したテキストでも、選択状態にすれば予測変換で再変換することができます。この機能を利用すれば、いちいちテキストを再入力する必要もないので、素早く修正が可能です。

テキストを再変換する方法

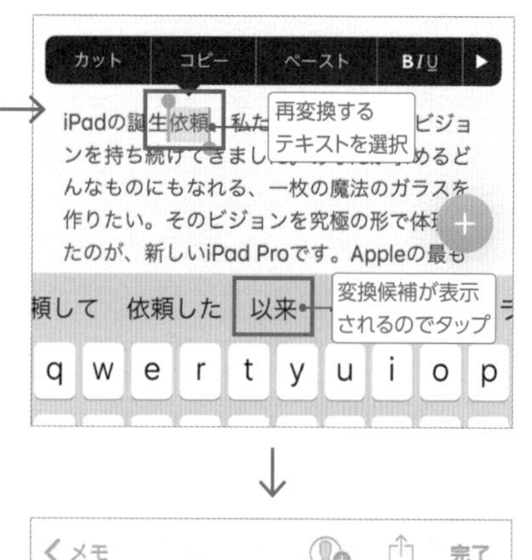

テキストを再変換したい場合は、再変換したい部分を選択しよう。予測変換が実行されるので、正しい変換候補をタップすれば再変換完了だ。

section 01

026

ドラッグ&ドロップで文章を自在に編集しよう

選択状態にしたテキストはドラッグで移動できる

テキストを編集しているときに、ある文章を別の位置に移動したいと思ったら、その文章を選択状態にしましょう。次に選択状態のテキストをロングタップします。選択中の文章が浮かび上がったら、そのまま指でドラック&ドロップすることが可能です。ドラッグ中はカーソルが現れるので、移動したい位置に動かしましょう。指を画面から離せば、カーソル位置に選択した文章を挿入できます。いちいち「カット&ペースト」するよりもずっとラクに作業できるので、覚えておくといいですよ。

まずは範囲選択したテキストをロングタップしよう。テキストが浮かんだ状態になったら、指でドラッグ&ドロップ。好きな位置にテキストを移動させることができる。

カギ括弧は「や」をロングタップして入力する

日本語かなキーボードでの入力ワザ

日本語入力時に意外と使う記号のひとつがカギ括弧です。日本語ローマ字キーボードでは、「123」キーを押せばカギ括弧のキーが表示されるので直接入力することができます。しかし、日本語かなキーボード(テンキー入力)では、一見するとカギ括弧のキーが用意されていません。実は、「や」キーをロングタップすることで、カギ括弧の入力ができるようになっているのです。フリック入力に慣れている人であれば、「や」キーを左右にフリックすることでも入力できます。カギ括弧をスピーディに入力したいなら、必ず覚えておきたいテクニックです。ちなみに、ほかの種類の括弧を入力したい場合は、「かっこ」とひらがなで入力して変換してみましょう。すると、予測変換にいろいろな種類の括弧が表示されます。これらの入力ワザを覚えておけば、いつもより括弧の入力をスピーディに行うことができますね。

括弧の入力を省力化するワザ

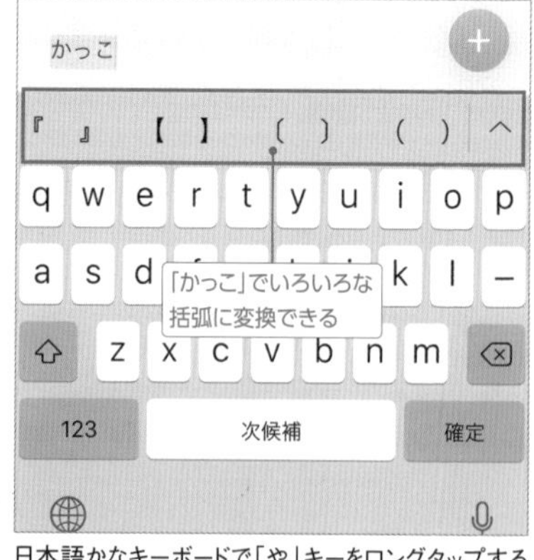

日本語かなキーボードで「や」キーをロングタップすると、左右にカギ括弧が表示される。もちろんフリック操作でも入力可能だ(左)。また、「かっこ」と入力していろいろな括弧に変換することもできる(上)。

黄色っぽくなる画面の色が気に入らないなら

True Tone機能をオフにしてみよう

一般的なディスプレイは、環境光の違いによって色の見た目が変化します。たとえば、太陽光と蛍光灯の下では、同じ画像を表示しても色合いが異なって見えるのです。iPhoneでは、この問題を解決するため、どんな環境下でも同じような色合いで発色できる「True Tone」機能が搭載されています。環境光をセンサーで感知し、画面の色を自動調整してくれるのです。しかし、環境によってはTrue Toneで調整された色が不自然に見えることも。特に蛍光灯の下では、画面が黄色がかって見える傾向が強いようです。もし、黄色い画面が気になるのであれば、「設定」→「画面表示と明るさ」にある「True Tone」をオフにしておきましょう。

True Toneオンの状態

True Toneがオンの状態。蛍光灯の下だとやや黄色がかった画面になる。

True Toneオフの状態

True Toneをオフにすると、色合いの補正がなくなり、全体的に青みがかった画面になる。

情報量不足なスマホ用サイトをデスクトップ用にチェンジ

パソコンで使い慣れたレイアウトに切り替えられる

SafariでWebページを開くと、パソコンで表示するときとは異なる、モバイル向けのWebページが表示されることがあります。これをパソコンで見るときと同じ画面やレイアウトに変更したい場合は、デスクトップ用サイトに表示を切り替えてみましょう。やり方はとても簡単。Safariのアドレスバーにある「AA」ボタンをタップして、メニューから「デスクトップ用Webサイトを表示」をタップするだけです。これでパソコン向けのレイアウトでWebページが表示されます。一般的にデスクトップ用サイトは、モバイル向けサイトよりも情報量が多いのが特徴です。デスクトップ用サイトの方が使いやすい人は、表示を切り替えて使ってみましょう。

Safariでデスクトップ用サイトに切り替える方法

1 Safariの「AA」ボタンをタップ

Safariの画面をパソコンと同じ表示にしたい時は、アドレスバー（検索フィールド）にある「AA」ボタンをタップして、「表示」メニューを開く。

2 デスクトップ用に表示を切り替え

「デスクトップ用Webサイトを表示」をタップしよう。元に戻すには、同じ画面で「モバイル用Webサイトを表示」をタップすればよい。

モバイル向けサイトとデスクトップ用サイトの違い

モバイル向けのサイト表示

モバイル用のサイトとパソコン用のサイトを比較してみよう。多くのモバイル用サイトでは、スマートフォンの画面でも見やすいように、シンプルなレイアウトに最適化されているのが特徴だ。

デスクトップ用のサイト表示

デスクトップ用サイトは、スマートフォンの画面で見るにはやや文字が小さく、見づらい部分もあるが、1画面の情報量は高い。パソコンで使い慣れているサイトなら、こちらのレイアウトの方が使いやすい場合もある。

使いこなしヒント

サイトによっては表示が切り替わらないことも

この「デスクトップ用Webサイトを表示」機能は、すべてのサイトで対応しているわけではない。デスクトップ用の表示に切り替えられるかどうかは、サイトの構造によって異なるのだ。実際に切り替えてみて表示が変わらなければ、デスクトップ用サイトの表示に対応していない。

Wi-Fiのパスワードを一瞬で共有する

友達が遊びに来たときにもすぐ接続できる

すでにiPhoneが接続しているWi-Fiネットワークに、iPadなど別のiOS端末を接続したい場合、いちいちWi-Fiパスワードを入力し直していませんか？　iOSでは、Wi-Fiパスワードを端末間で共有する機能があるので、それを利用してみましょう。まず、Wi-Fi未接続のiOS端末側で、Wi-Fiネットワークのパスワード入力画面を表示します。次に、Wi-Fi接続済みのiPhoneを近付けると、「Wi-Fiパスワード」画面が表示されるので「パスワードを共有」をタップ。これでWi-Fiパスワードが端末間で共有され、Wi-Fiに接続できるようになります。なお、自分のApple IDが相手の連絡先アプリに登録してあれば、他人のiOS端末にもWi-Fiパスワードを共有可能です。自宅に友達が遊びに来て、Wi-Fi接続を行いたいときに使ってみましょう。

1 Wi-Fiの設定画面を表示する

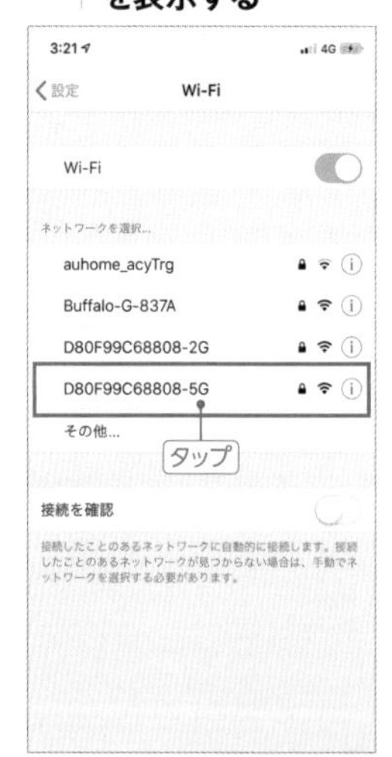

まずはWi-Fiに接続する端末側で「設定」→「Wi-Fi」をタップ。接続したいネットワーク名をタップする。

2 パスワード入力画面で待機する

パスワード入力画面になるので、そのまま待機する。次にWi-Fi接続済みのiPhoneを近付けよう。

3 パスワードを共有する

すると、接続済みのiPhone側が上のような画面になる。「パスワードを共有」をタップすれば完了だ。

section 01

031

集めて動かすアプリの一括操作テクニック

複数のアプリをまとめて移動するワザ

ホーム画面に大量のアプリが並んでいると、目的のアプリを探すのにもひと苦労します。アプリは使用頻度や種類で分類し、ページを分けて配置しておくといいでしょう。とはいっても、大量のアプリをひとつひとつ配置し直すのは面倒なもの。そんなときは、複数のアプリを一括で移動できるテクニックを使ってみましょう。まず、ホーム画面で移動したいアプリをロングタップします。アプリがプルプルと震えだしたら、アプリをドラッグして少しだけ移動。次に、ドラッグした指は画面から離さず、別の指でほかのアプリをタップしてみてください。複数のアプリをひとつにまとめることができます。あとは好きな場所に移動すればOKです。

1 アプリを少し動かす

まずは、ホーム画面のアプリをロングタップし、アプリが震えたら少しドラッグして移動する。

2 ほかのアプリをタップする

そのまま指を離さない状態で、別の指でほかのアプリをタップ。すると、アプリが1カ所にまとまる。

3 アプリをまとめて移動しよう

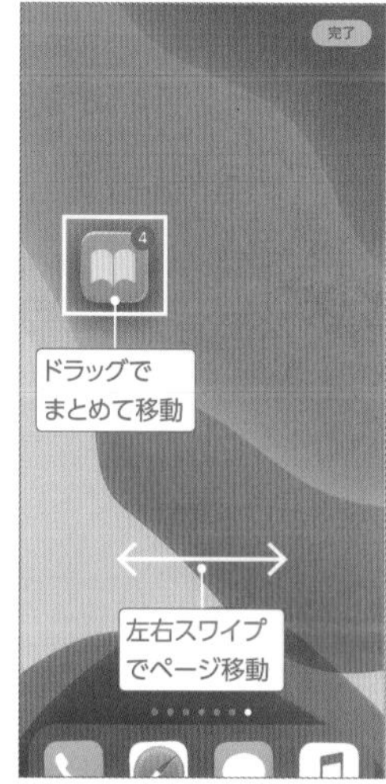

あとはそのままドラッグすれば、複数のアプリをまとめて移動できる。別の指で左右スワイプすれば、ページの移動も可能だ。

ホーム画面を心機一転作り直したいときは

ホーム画面のアプリ配置を初期状態に戻す

ホーム画面のアプリの配置は、いつでも初期状態に戻すことができます。「設定」→「リセット」→「ホーム画面のレイアウトをリセット」を実行し、「ホーム画面をリセット」をタップしましょう。これでアプリの配置を初期状態に戻せます。ゼロからアプリを並べ替えたいときに利用するといいでしょう。ただし、初期状態に戻るのは標準アプリのみです。あとからインストールしたすべてのアプリは、ホーム画面の2ページ以降に名前順で並べ替えられるので注意しましょう。

ホーム画面のレイアウトをリセットする方法

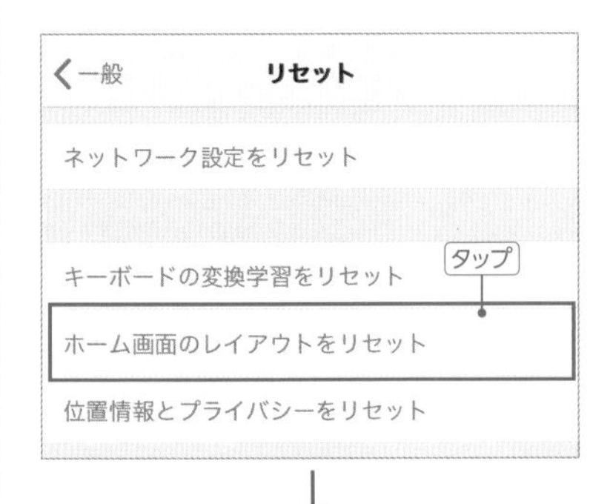

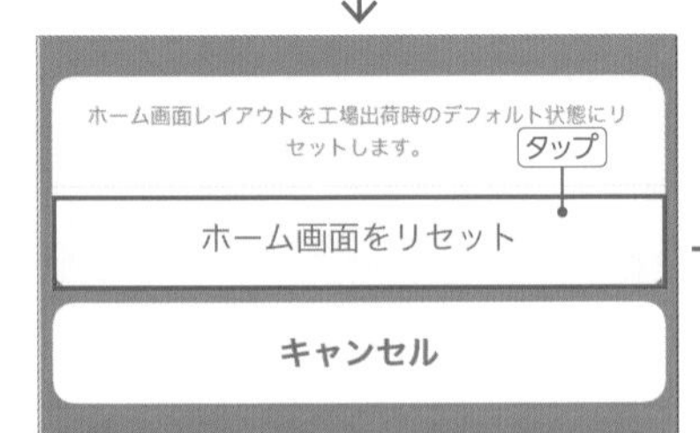

「設定」→「一般」→「リセット」→「ホーム画面のレイアウトをリセット」→「ホーム画面をリセット」をタップ。これでホーム画面のアプリ配置がリセットされる。

家族と友人以外の着信音を鳴らさないようにする

「緊急時は鳴らす」を設定しよう

静かな場所で突然着信音が鳴らないように、普段からマナーモードで使う人は多いと思います。iPhoneでは、本体側面のサイレントスイッチをオンにしたり、「おやすみモード」を有効にしておけば、着信音は鳴りません。しかし、家族や仲の良い友人からの電話だけは、着信音でしっかり知らせて欲しい場合もあるでしょう。そこで、家族や友人の連絡先には、着信の例外設定を施しておきましょう。まず「連絡先」アプリで家族や友人の連絡先を開き、右上の「編集」をタップします。続けて「着信音」をタップし、「緊急時は鳴らす」のスイッチをオンにします。あとはiPhoneをサイレントモードやおやすみモードにしておけば、家族や友人からの電話のみ着信音が鳴って、他の相手からの着信音は鳴らなくなります。

家族と友人の着信音だけ鳴らす設定

1 連絡先の編集で着信音をタップ

連絡先アプリで家族や友人の連絡先を開き、右上の「編集」をタップ。下にスクロールして「着信音」をタップしよう。

2 「緊急時は鳴らす」をオンにする

6:54
キャンセル　着信音　完了
緊急時は鳴らす
"緊急時は鳴らす"は、着信スイッチが消音に設定されている場合、または"おやすみモード"がオンになっている場合でもこの人からの着信音やバイブレーションを許可します。
オンにする
バイブレーション　デフォルト
ストア
着信音/通知音ストア
購入済みをすべてダウンロード

「緊急時は鳴らす」のスイッチをオンにしておけば、サイレントモードやおやすみモード中でも、この連絡先からの着信音が鳴る。

section 01

034 ロック画面の動く壁紙は実は自作もできるのです

Live Photoを壁紙として設定する

iPhoneの壁紙には、「ダイナミック」、「静止画」、「Live」といった3種類の壁紙が設定できます。「ダイナミック」は常時アニメーションしている特殊な壁紙、「静止画」はその名の通り動きのない画像、「Live」はLive Photo形式で保存された短い動画風の壁紙です。Live Photoは、標準のカメラアプリで撮影可能なので、自分で動画風の壁紙を作ることもできます。なお、Live Photoを壁紙に設定しても動画が再生されるのはロック画面をロングタップしたときのみです。好きなLive Photoを動く壁紙として設定してみましょう。

壁紙にしたいLive Photoを撮影しておこう

1 Live Photoを撮影する

まずは、カメラアプリでLive Photoを撮影しておこう。撮影モードを写真にして、画面上のLive Photoボタンをタップして有効（黄色の状態）にしておく。あとは普通に撮影すればいい。

2 写真アプリでLive Photoを確認

撮影したLive Photoは、写真アプリで確認できる。Live Photoを表示すると、画面左上に「LIVE」と表示されるはずだ。画面をロングタップすれば、Live Photoが再生される。

使いこなしヒント

そもそも「Live Photo」とは?

Live Photoは、シャッターボタンを押した前後の1.5秒ずつの映像を記録した、動画風の写真だ。動きや音を記録できるので、普通の写真よりもその場の雰囲気を捉えることができる。

Live Photoを壁紙に設定する方法

1 壁紙の設定画面を表示する

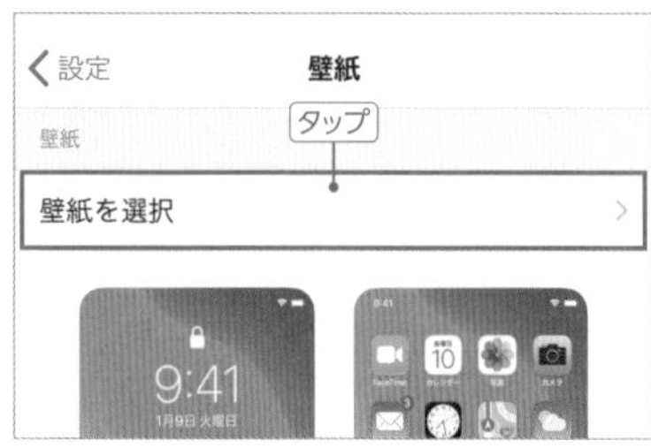

Live Photoを壁紙に設定する場合は、「設定」→「壁紙」を開き、「壁紙を選択」をタップする。

2 「Live Photos」を選択する

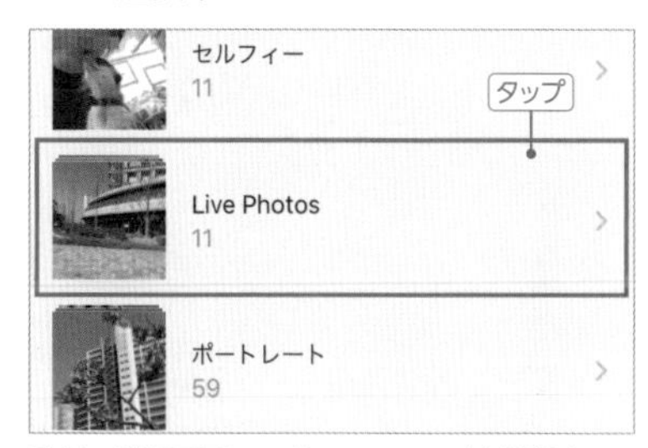

壁紙の選択画面では、「Live Photos」を選択する。

3 そのまま「設定」をタップする

壁紙のプレビューが表示されるので、問題なければ「設定」をタップしよう。

4 設定のスイッチをオンにする

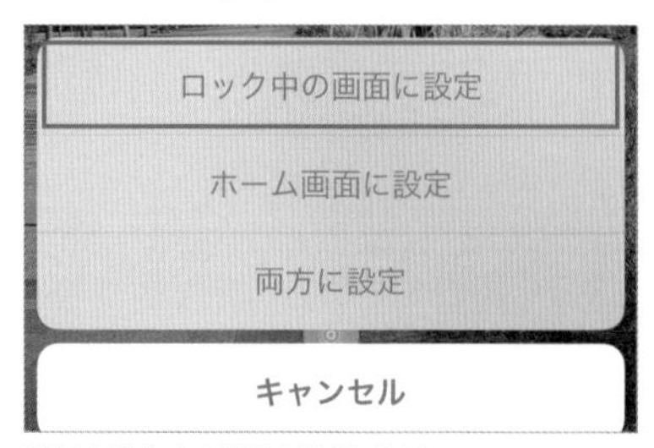

壁紙を設定する場所を選択。ただし、Live Photoの動画は、ロック画面でしか再生されない。

5 ロック画面で動画を確認する

「新規タブで開く」にはロングタップより2本指でタップ

リンク先を別のタブで開きたいときに便利

SafariでWebページ内のリンクをロングタップすると、メニューが表示されます。ここで「新規タブで開く」を選択すれば、リンク先のページを別のタブで開くことが可能です。また、この操作は、リンク先を2本指でタップしても同じように行えます。2本指タップの方が操作も簡単なので、普段はこちらを使うといいでしょう。ただし、リンク部分の面積が小さいと、2本指でタップしにくいことがあります。その場合は、前述したロングタップの方法を使いましょう。

2本指タップでリンク先を別タブで開く方法

1 Safariでリンクを2本指でタップ

2 リンク先のページが別タブで開く

Safariでリンクをタップする際、2本指でタップすると、別のタブでリンク先を開くことができる。

うっかり閉じたタブを開き直すには

「最近閉じたタブ」画面で再表示しよう

SafariでWebサイトをブラウジングしている際、今見ていたタブをうっかり閉じてしまうことがあります。タブ自体を閉じてしまうと、戻るボタンでは再表示できず、どのWebサイトを見ていたのか思い出すのもひと苦労です。そんな場合は、Safariの「最近閉じたタブ」を利用しましょう。「最近閉じたタブ」画面は、画面右下のタブボタンをタップして、タブ一覧画面の「＋」ボタンをロングタップすれば表示可能です。ここでは、過去に閉じたタブのページタイトルやURLが一覧表示されます。ページタイトルをタップすれば、新たなタブで開き直すことができます。

Safariで最近閉じたタブを開く

1 タブ一覧画面を表示する

Safariで閉じたタブを再表示したい場合は、まず右下にあるタブボタンをタップしよう。

2 「＋」をロングタップする

すると、現在開いているタブの一覧画面になるので、画面下の「＋」をロングタップする。

3 最近閉じたタブ一覧が表示される

過去に閉じたタブが一覧表示されるので、再表示したいものをタップすればOKだ。

section 01

037

iPhoneの画面の動きを動画として保存する

コントロールセンターの「画面収録」を使う

iPhoneは、画面の動きを動画ファイルに記録することができます。まずは、設定でコントロールセンターをカスタマイズして、「画面収録」の機能を使えるようにしておきましょう。あとは、コントロールセンターから画面収録ボタンをタップすれば録画開始。録画を終了するには、画面左上の赤いマークをタップして「停止」をタップすればOKです。録画した動画はMP4形式で写真アプリに保存され、通常の動画と同じように再生ができます。アプリの操作説明やゲームのプレイ動画を撮影したいときに活用してみましょう。

画面収録で画面の動きを動画撮影しよう

1 コントロールセンターに「画面収録」を追加する

まずは「設定」→「コントロールセンター」→「コントロールをカスタマイズ」で「画面収録」を追加しておこう。あとはコントロールセンターを表示して、画面収録ボタンをタップすれば録画開始だ。

2 録画を停止する場合は画面左上の赤いマークから

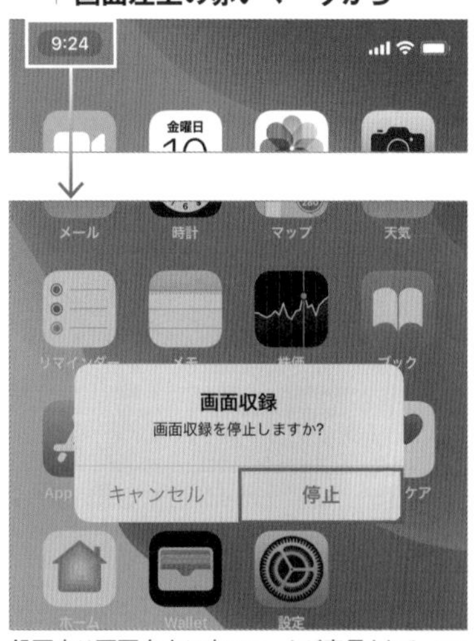

録画中は画面左上に赤いマークが表示される。ここをタップして「停止」をタップすれば、録画が停止する。保存した動画は写真アプリから確認可能だ。

どんどん増えていくタブを自動で消去する

しばらく使っていないタブは自動で閉じよう

SafariでWebサイトを閲覧していると、いつの間にか大量のタブが開きっぱなしになっていないでしょうか。Safariでは新しいタブを無制限に開くことができますが、あまり多くのタブを開いていると、別のタブに切り替えたい時に一覧から探し出すのが大変です。かといって、開きすぎたタブをいちいち手動で閉じるのも面倒。そこで、しばらく表示していないタブは、自動的に閉じる設定にしておきましょう。「設定」→「Safari」→「タブを閉じる」を開くと、最近表示していないタブを、1日／1週間／1か月後に閉じるように設定しておけます。

2本指タップでリンク先を別タブで開く方法

「タブを閉じる」で閉じる期間を設定

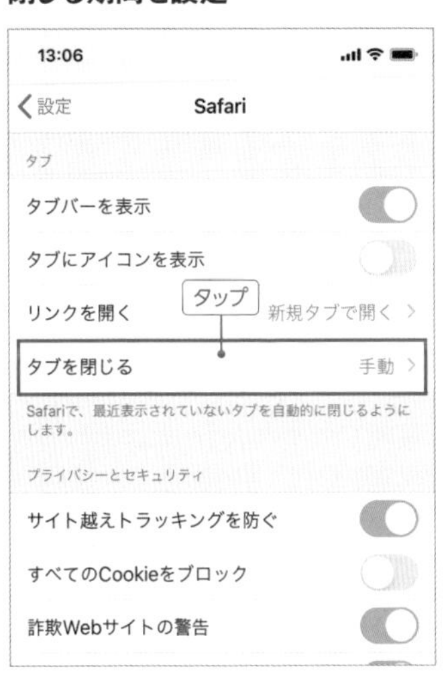

「設定」→「Safari」→「タブを閉じる」をタップ。最近表示していないタブを自動的に閉じるまでの期間を、「1日後」「1週間後」「1か月後」から選択しておこう。

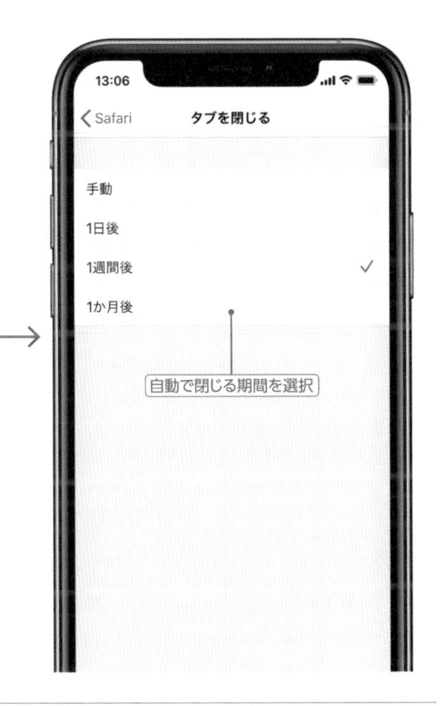

iPhoneがあればWi-FiモデルのiPadでもネットを使える

テザリングって知ってますか?

データ通信を2つ契約するのは抵抗があるので、iPadはWi-Fiモデルを選んだという人は多いと思います。本体価格もセルラーモデル(SIMカードを挿入してモバイル通信を行えるモデル)より安いですしね。Wi-FiモデルのiPadは、その名の通りWi-Fiでしかインターネット接続を行えません。Wi-Fiサービスのあるカフェやホテルならよいのですが、いつでもどこでもネットを利用するというわけにはいきません。そこで覚えておきたいのが、「テザリング」という機能です。iPhoneやiPadでは、「インターネット共有」とも呼ばれます。これは、データ通信を行っているiPhoneを経由してiPadをインターネットに接続できる機能です。iPhoneのデータ通信をiPadが拝借する形ですね。ちなみに、auとソフトバンクの契約プランによっては、有料の「テザリングオプション」に加入しないと利用できません。月の利用可能データ量が小さいプランでは無料、大きいプランでは有料になっているようです。詳しくは各キャリアのサイトや公式アプリで確認しましょう。テザリングでiPhoneとiPadを接続するには、まずiPhoneの「設定」→「モバイル通信」→「インターネット共有」で「ほかの人の接続を許可」をオンにします。すると、iPadの「設定」→「Wi-Fi」にiPhoneの名前が表示されますので、タップすれば接続完了です。ただし、iPhoneとiPadで同じApple IDを使ってiCloudにログインしており、両方がBluetoothをオンにしている必要があります。

iPhoneの“インターネット共有”機能を使用すると、iCloudにサインインしている別のデバイスからパスワード入力なしでインターネットにアクセスすることができます。

オンにする

ほかの人の接続を許可

“Wi-Fi”のパスワード　22222222 >

“インターネット共有”設定で、またはコントロールセンター

iPhoneのインターネット共有を有効にする

iPhoneの「設定」→「モバイル通信」→「インターネット共有」で「ほかの人の接続を許可」のスイッチをオンにする。また、「設定」→「Bluetooth」でBluetoothも有効にしておこう。

iPadをiPhoneに接続する手順

1 iPhoneの名前をタップする

iPhoneと同じApple IDでiCloudにログインし、Bluetoothもオンになっているipadなら、「設定」→「Wi-Fi」にiPhoneの名前が表示されるので、タップすれば接続完了だ。別のApple IDを使っている場合は、Wi-Fi設定でiPhoneの名前をタップし、iPhoneの「インターネット共有」画面に表示されているパスワードを入力すればよい。

2 インターネットを利用可能になった

iPhone経由でインターネットに接続した。Safariなどを起動して、接続を確認しよう。インターネット共有の利用中は、ステータスバーのバッテリー残量横に上記のようなアイコンが表示される。

使いこなしヒント

インターネット共有利用中のiPhoneの表示

インターネット共有利用中のiPhoneでは、時刻表示部分がこのように青く表示される。iPhoneの契約データ通信量を消費するので、使いすぎないよう気をつけよう。また、「設定」→「インターネット共有」に表示されるパスワードで、Androidタブレットやパソコンも接続可能だ。

section 01

040

iCloudでバックアップできるものを整理しよう

「同期」と「バックアップ」で備える

定期的なバックアップは、iPhoneを使う上で必ずやっておきたい作業です。バックアップを取っておけば、もしiPhoneが故障してしまっても、簡単にデータを復元することができます。また、機種変更でデータを移行したいときや、iPhoneをリセットして復元したいときなどにもバックアップデータが必要です。とはいえ、バックアップのやり方がいまいちわからない……という人も多いかもしれませんね。実は、「メール」や「連絡先」といった標準アプリの多くは、バックアップする必要がありません。これらのデータはすべて「iCloud」というWeb上のサーバに保存されているので、機種変更したりiPhoneを初期化しても、データが消えることはないのです。iPhoneを復元した後に、これまで使っていたApple IDでサインインするだけで、iCloud上に保存されたデータを読み込んで、以前と全く同じメールや連絡先に戻せます。これを「同期」と言います。同期とは、常に最新の状態をバックアップしておく機能だと思っておけばよいでしょう。では、iPhoneのバックアップ機能である「iCloudバックアップ」は何のためのものかと言うと、同期に対応していないその他のアプリや設定などのデータを、復元するのに必要なバックアップになります。アプリによってはバックアップできないデータもありますが(例えばLINEのトークを復元するにはLINEアプリ内でのバックアップ操作が必要です)、基本的には同期された標準アプリのデータと、iCloudバックアップのデータさえあれば、いざという時でもiPhoneを元の状態に戻せます。なお、写真の同期には少し注意が必要です。iPhoneで撮影した写真やビデオは、「設定」→「写真」→「iCloud写真」をオンにしておけば、iCloudで同期できます。しかしiCloudは無料だと5GBまでしか使えないので、撮りためた写真をすべてiCloudにアップロードしていると、すぐに容量が不足します。iCloudの容量は月額130円で50GBまで増やせるので、写真をよく撮る人はiCloud容量を追加購入しておくのがおすすめです(No043で詳しく解説)。

iCloudの「同期」で実質的にバックアップされる主なもの

写真
「iCloud写真」をオンにした時のみ同期できる。

メール
「iCloudメール」のメールのみ同期できる。

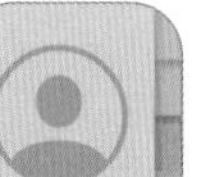

連絡先
「iCloud」アカウントに保存した連絡先を同期。

カレンダー
「iCloudカレンダー」のスケジュールを同期。

リマインダー
完了済みのタスクなども含めて同期される。

メモ
共有したメモやフォルダの状態も同期される。

メッセージ
iMessage以外のSMSやMMSも同期される。

Safari
ブックマークや開いているタブが同期される。

ヘルスケア
記録されたアクティビティデータが同期される。

iCloud Drive
アップロードした各種ファイルが同期される。

「iCloudバックアップ」でバックアップされるもの

Appデータ	アプリ内で保存しているデータ。アプリによってはAppデータが完全に復元できず、別途アプリ内でバックアップ作業が必要なものもある。アプリ本体はバックアップ対象にならないが、復元後に自動ダウンロードされる。
Apple Watch のバックアップ	Apple Watchのバックアップデータ。
デバイスの設定	iPhoneの各種設定。Wi-Fi接続やパスコード設定など。
HomeKitの構成	ホームアプリで設定したHomeKitの設定。
ホーム画面とAppの配置	ホーム画面の状態やアプリの配置。
iMessage、テキスト (SMS)、MMS メッセージ	メッセージアプリでやり取りしたメッセージ内容。
iPhone上の写真とビデオ	「iCloud写真」がオフの時にバックアップ対象にできる。写真とビデオの容量が大きく、iCloudの空き容量が足りない場合は、バックアップしない設定にもできる。
Appleサービスからの購入履歴	各ストアで購入した音楽、映画、テレビ番組、アプリ、ブックなどの購入履歴。各ストアでダウンロードしたコンテンツ本体はバックアップされず、復元時に自動ダウンロードされる。
着信音	着信音の設定。
Visual Voicemailのパスワード	留守番電話を設定する際に使うパスワード(通常は設定不要)。バックアップ時に使っていたSIMカードが必要。

※iCloudバックアップの対象となるものは、iPhone本体に保管されている情報や設定のみとなる。

iCloudにiPhoneの中身をバックアップする

iCloudバックアップを使ってみよう

iPhoneのバックアップ方法としては、iTunesを使う方法もありますが、ここでは最も簡単な「iCloudバックアップ」によるバックアップ方法を紹介しましょう。iCloudバックアップでは、iCloudのクラウドストレージに端末のデータをバックアップします。まずは、「設定」のApple ID名をタップして「iCloud」から、iCloudのストレージ容量を確認。一番上のグラフで、ストレージに十分な空き容量があるかどうかを確認しておきましょう。通常、iPhoneをバックアップするには最低でも1.3GBぐらいは必要になります(写真やビデオを除いた場合)。空き容量があることを確認したら、「iCloudバックアップ」→「iCloudバックアップ」をオンにします。これで設定は完了。あとは、iPhoneが電源とWi-Fiに接続され、ロック状態のときに自動でバックアップが行われるようになります。電源に接続されていても、Wi-Fiに接続されていないとバックアップが実行されないので注意してください。

iCloudのバックアップを有効にする

1 「iCloudバックアップ」をタップする

iCloudバックアップを有効にするには、「設定」一番上のApple IDをタップし、「iCloud」→「iCloudバックアップ」をタップ。

2 iCloudバックアップをオンにしておく

「iCloudバックアップ」がオンになっていれば、iPhoneが電源とWi-Fiに接続され、ロック状態の時に、バックアップが自動で行われる。

iCloudで同期やバックアップする項目を選択する

同期するアプリを選択する

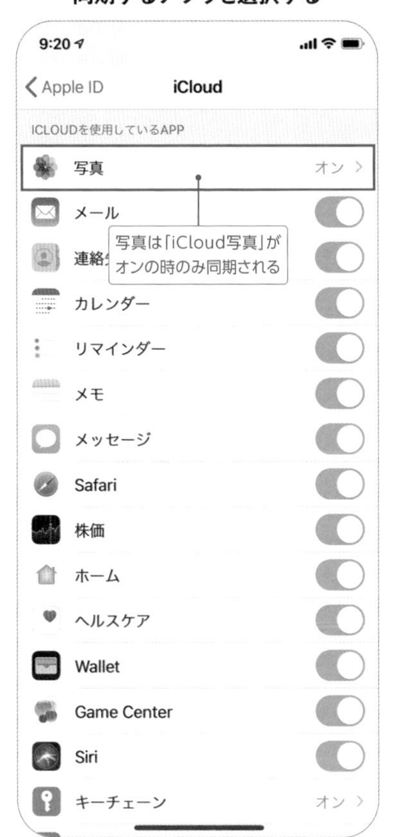

「iCloud」画面に表示されている、「メール」「連絡先」などの標準アプリは、スイッチをオンにしておけばiCloud上で同期されるので、実質バックアップになる。iCloud Driveを利用する他社製アプリの同期もオン／オフできる。

バックアップするアプリを選択する

「iCloud」画面の「ストレージを管理」→「バックアップ」→「このiPhone」をタップすると、バックアップ対象にする他社製アプリを選択できる。オンにしたアプリのデータは復元できるが、アプリによっては元に戻せないデータもある。

使いこなしヒント

iCloudを無料の5GBで使うなら写真関連をオフ

バックアップに写真やビデオさえ含めなければ、無料の5GBで十分足りる。まず「設定」→「写真」→「iCloud写真」の同期をオフにしておく。iCloud写真がオフの時は、バックアップ対象に「フォトライブラリ」項目が表示されるので、これもオフにしよう。

iCloudのバックアップから iPhoneを復元する

端末をリセットしてから復元作業を行う

iCloudバックアップで保存したデータは、いつでも復元させることが可能です。ただし、復元を行うには、一旦iPhoneを初期状態にリセット（端末内の全データを削除）しておく必要があります。まずは、「設定」→「一般」→「リセット」で「すべてのコンテンツと設定を消去」を実行しておきましょう。端末をリセットすると、再起動後に初期設定画面が表示されます。設定を進めていくと、途中で「Appとデータ」の画面になるので「iCloudバックアップから復元」を選択。あとは手順通りに進めれば、バックアップデータがダウンロードされて復元されます。

復元するにはiPhoneを一旦リセットしておこう

1 設定から端末をリセットする

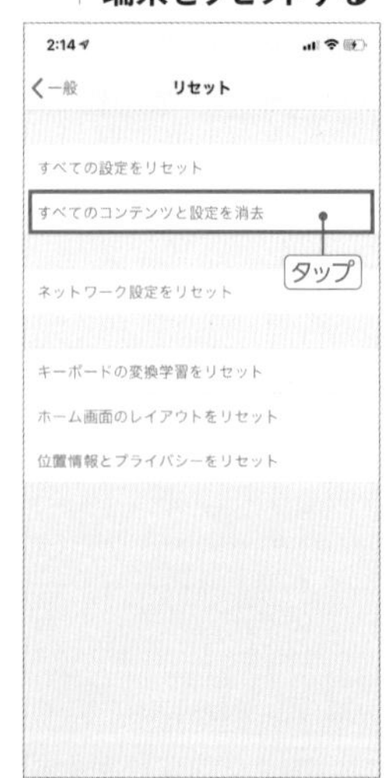

「設定」→「一般」→「リセット」→「すべてのコンテンツと設定を消去」をタップする。

2 端末をバックアップしておこう

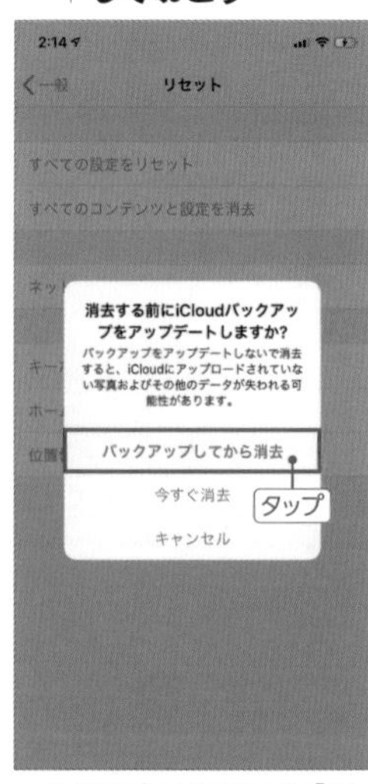

上のような表示が出るので「バックアップしてから消去」をタップしよう。

3 iPhoneを消去をタップする

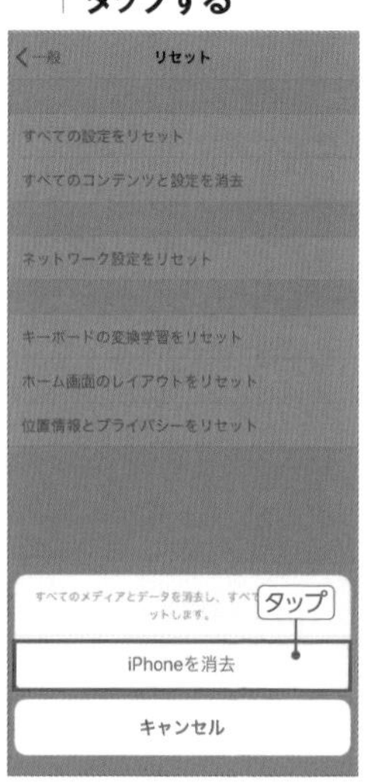

パスコードを入力後「iPhoneを消去」を2回タップ。これで端末の全データが消去され初期化される。

初期設定で復元する

1 初期設定を進める

再起動後、初期設定画面が表示される。画面の指示通りにセットアップを進めていこう。

2 復元方法を選択する

「Appとデータ」画面になったら、一番上の「iCloudバックアップから復元」を選択する。

3 Apple IDを入力する

Apple IDのサインイン画面が表示されたら、メールアドレスとパスワードを入力しておこう。

4 復元するバックアップを選択

バックアップ履歴が表示されるので、復元したいものをタップしよう。さらにセットアップを進めていくと復元が行われる。

iPhoneが再起動してホーム画面が表示されたら復元完了。なお、各ストアで購入したアプリやコンテンツは、自動でダウンロードされる。また、以前と同じApple IDでサインインしていれば、メールや連絡先は同期され自動的に元の状態に戻る。

月額130円払うだけでiCloudの利便性が飛躍的に向上

iCloudストレージを50GBのプランに変更しよう

Apple IDを取得すると、5GBのiCloudストレージを無料で利用することができます。iCloudストレージには、iCloudで同期しているアプリのデータ(メールやメモ、連絡先など)、iCloudバックアップ(アプリのデータ、写真やビデオなど)、iCloud Drive、iCloud写真など、さまざまなデータが保存されます。また、複数のiOS端末で同じApple IDを使っている場合は、iCloudストレージも共用です。そのため、5GBの無料容量だと、普通に使っているだけですぐに足りなくなってしまいます。とくに写真やビデオをよく撮影する人は、5GBのままだと現実的に運用できません。空き容量がなくなると、iCloudバックアップなど各種機能も使えなくなるので大変不便です。iCloudを快適に使いたいのであれば、月額130円の50GBプランを購入するといいでしょう。これで容量不足に悩むことはなくなります。

「設定」→Apple ID名→「iCloud」→「ストレージを管理」→「ストレージプランを変更」をタップ。有料のストレージプランが表示されるので、購入したいものをタップしよう。通常であれば、月額130円の50GBで十分だ。

日本語と英語のダブル検索でベストなアプリを探し出す

検索キーワードを工夫して優秀なアプリを探そう

App Storeでアプリを探す場合、単純に日本語だけで検索していませんか? App Storeの検索機能はあまり高性能ではないため、自分の目的にあったアプリを探し出すには検索キーワードに工夫が必要です。たとえば、リマインダー系のアプリを探している場合、「リマインダー」と検索するだけでは不十分。英語の「reminder」でも検索してみてください。すると、また別のアプリが表示されるはずです。英語で検索しても、英語のアプリだけが表示されるわけではありません。きちんと日本語ユーザー向けのアプリもヒットします。ほかにも、関連する別のキーワードで検索すれば、また違ったアプリを発見できるかもしれません。たとえば、「タスク管理」、「Task」、「ToDo管理」、「ToDo list」といったキーワードです。いろいろと検索キーワードを考えて、幅広いアプリから優秀なものを探し出しましょう。

App Storeでアプリを探すのなら、日本語だけでなく英語でも探してみるといい。英語で検索したほうが、意外と優秀なアプリを見つけられることが多いのだ。

section 01

045 ワイヤレス充電器は縦横どちらでも置けるスタンド型がいい

スタンド型なら使いながらでも充電できる

iPhone X以降のモデルは、ワイヤレス給電の国際標準規格である「Qi(チー)」に対応しています。充電にケーブルと電源アダプタは必須でなくなり、ワイヤレスで充電ができるようになったのです。とはいえ、iPhoneにはワイヤレス充電器が付属していないので、Qi規格に対応したワイヤレス充電器を別途購入する必要があります。もし、ワイヤレス充電器を購入するのであれば、最初はスタンド型のワイヤレス充電器を選ぶといいでしょう。スタンド型なら、充電中でもiPhoneを立てかけたまま使えるので便利です。

本書オススメのスタンド型ワイヤレス充電機

Anker PowerPort+ 1

実勢価格 1,699円
上で紹介した充電スタンドには、電源アダプタが付属していない。充電性能を最大限に発揮させるには、高性能な電源アダプタが必要だ。まだ持っていないなら同メーカーのPowerPort+ 1も併せて購入しよう。

Anker PowerWave 7.5 Stand

実勢価格 2,799円
iPhone X以降やAndroid端末に対応したワイヤレス充電スタンド。iPhoneであれば、最大7.5Wの急速充電が行える。縦向きでも横向きでも、ケースを付けたままでも充電できるので便利。

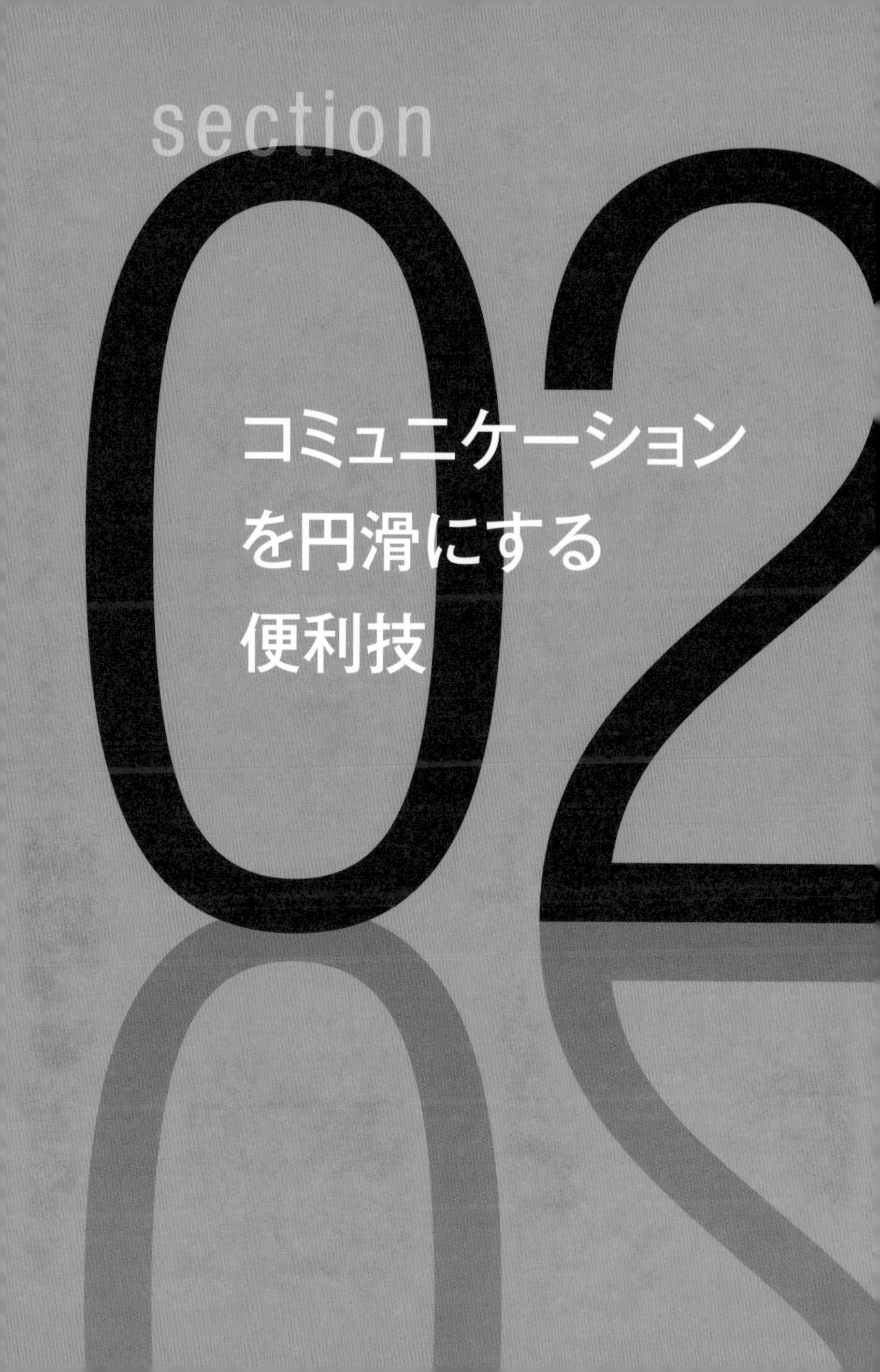

section 02

コミュニケーションを円滑にする便利技

電話に出られない!?それなら メッセージで応対しよう

ワンタップで定型文を送信できる

電話がかかってきたけど今は電話に出られない。そんな時はどうしてますか?留守番電話サービスを契約している人なら、そのまま留守番電話の応答に任せるでしょう。契約していない人も、そのまま鳴り止むまで放っておくことが多いかもしれません。せめて「電話があったことに気付いていますよ」と伝えたい時、iPhoneには便利な機能が用意されています。着信画面に表示されている、「メッセージを送信」ボタンをタップすることで、「現在電話に出られません。」「後でかけ直します。」など、簡単なメッセージを、iMessageやSMSでワンタップ送信できるのです。この送信する定型文は、設定で好きな内容に変更可能です。最大で3つまでしか登録できませんが、「あとでメールします」など、自分がよく使う文章に書き換えておくと便利です。

メッセージの定型文を変更する

1 テキストメッセージで返信をタップ

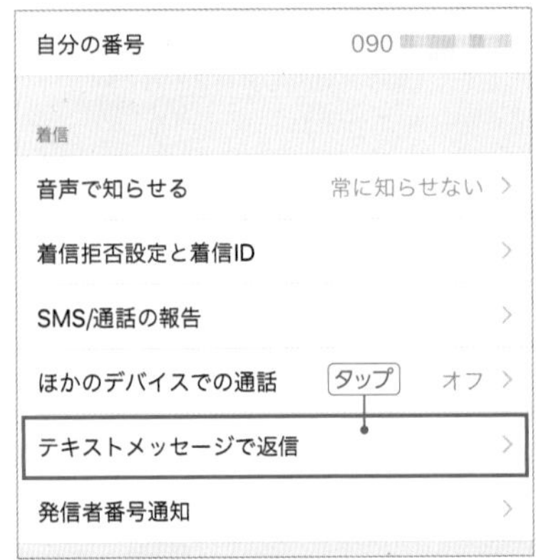

「メッセージを送信」で送信できる定型文を変更したい場合は、「設定」→「電話」→「テキストメッセージで返信」をタップ。

2 定型文を好きな内容に変更する

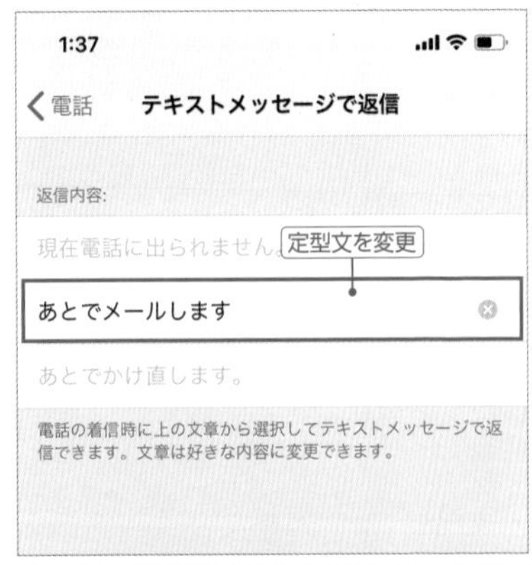

デフォルトの定型文を置き換える形で、新しい定型文を入力できる。最大3つまで登録が可能だ。

かかってきた電話にメッセージで返信する

「メッセージを送信」をタップ

かかってきた電話に出られない時は、着信画面に表示されている「メッセージを送信」ボタンをタップしてみよう。

定型文をタップして送信する

3つの定型文が表示されるので、送信するメッセージを選んでタップ。現在電話に出られない状況を伝えよう。なお、相手が固定電話の場合は利用できない。

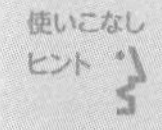

「メッセージを送信」をタップすると相手はどうなる?

「メッセージを送信」をタップした時点で、自分側はすぐに着信音やバイブレーションは消えますが、相手側では呼び出し音がまだ続いています。定型文を選択した時点で、相手の電話は着信が拒否されるか、または留守番電話の応答に切り替わります。続けて、iMesageやSMSで定型文メッセージが届き通知されます。

LINEの通話の着信も電話のように表示できる

LINEの無料通話は画面ロック中でも出られる

LINEを使っている人は、iPhoneの電話アプリの履歴にLINEの無料通話の履歴も残っていて、びっくりした経験がないでしょうか。かかってきた電話に何の違和感もなく出て、さっきのはLINEの無料電話だったのか、と後で気付くこともあります。これは、iPhoneの電話アプリとLINEの無料通話が、標準で連携する設定になっているため。LINEの無料通話でかかってきた電話は、電話アプリとほとんど同じ着信画面になり、画面ロック中でもLINEを起動することなく電話に出られるのです。「メッセージを送信」は使えないけど、リマインダーに登録する「あとで通知」は使えますし、電話アプリの履歴からLINEの通話で折り返し発信することもできます。また、連絡先アプリの発信メニューから、LINEの通話で発信することも可能です。このように、iPhoneの電話アプリとほぼ同じ操作でLINEの通話を使えるため、非常に便利な機能なのですが、LINEで通話中に電源ボタンを押して画面をスリープさせると、電話が切れてしまうという欠点があります。また、電話アプリにLINEの通話履歴が残るのは嫌だという人もいるでしょう。そんな時は、連携させる設定を解除しておきましょう。

iPhoneの電話とLINEの連携を確認

LINEの設定で「通話」→「iPhoneの基本通話と統合」がオンだと、電話アプリとほぼ同じ画面で着信を受けられる。また、「iPhoneの通話履歴に表示」がオンだと、電話アプリの「履歴」画面にLINEの通話履歴が表示されるようになる。電話アプリに履歴を残したくないなら、オフにしておこう。

電話アプリに統合されたLINEの着信画面と履歴

LINEオーディオの着信画面

LINEでかかってきた電話は、電話アプリとほぼ同じ着信画面になり、ロック中でもスライドで応答できる。

電話アプリの履歴にも残る

電話アプリの履歴画面では、LINE電話の発着信履歴も「LINEオーディオ」や「LINEビデオ」として残っている。

連絡先からLINEで発信することも可能

また連絡先を開いて、「発信」や「ビデオ通話」ボタンをロングタップすれば、LINEの通話で発信することもできる。

使いこなしヒント

不在着信のバッジはLINEアイコンに付く

LINEでかかってきた通話に応答できなかった場合、電話アプリに着信履歴は残るが、通知はあくまでもLINEアプリ側で表示される。不在着信のバッジも、電話アプリのアイコンではなく、LINEアプリのアイコンに付くので、見逃さないように注意しよう。

section 02

048

静かな場所で電話が鳴ったらすぐに音量ボタンを押せばよい

電源ボタンを1回押してもOK

サイレントモードにしていない時に限って、会議中などの場面で電話が鳴り響くと、焦ってしまいますよね。そんな時は急いでiPhoneを取り出し、上下どちらでもいいので音量ボタンを押してみましょう。すぐに着信音が消えて、バイブレーションも止まります。ちなみに電源ボタンを1回押しても止まるので、カバンやポケットからiPhoneを探り当てたら、とりあえず何でもいいからボタンを押す、と覚えておきましょう。なお、この状態でも着信自体を拒否したわけではないので、引き続き相手の呼び出し音は鳴っています。そのまま放っておけば自動的に応答が拒否されます。留守番電話サービスを契約済みであれば、自動的に留守番電話に転送されます。

section 02

049

電話の「拒否」ボタンが表示されないときは電源ボタンで対処

電源ボタンを2回連続で押そう

電話がかかってきたけど今はちょっと出られない時、iPhoneの画面を見ている状態であれば、着信画面に「拒否」ボタンが表示されるので、これをタップして応答を拒否できます。留守番電話サービスを契約していれば、相手には留守番電話の応答メッセージが流れて自動的に転送されますし、契約していなければ、相手には「ツー、ツー、ツー」という音が流れて通話が切れます。しかし、画面ロック中の着信画面には、「スライドで応答」が表示されているだけで、拒否ボタンがありません。そこで、今すぐ応答を拒否したい時は、電源ボタンを2回連続で押しましょう。これで応答を拒否して通話を切る、または留守番電話に転送できます。

画面を見ないでかかってきた電話の相手を把握する

誰からの電話かSiriに教えてもらおう

イヤホンで音楽を聞きながら満員電車に乗っていたり、車の運転中に電話がかかってきた時。誰からの電話か確認したくても、運転中に目を離してiPhoneを取り出すわけにはいきません。そこで便利なのが「音声で知らせる」機能です。「設定」→「電話」→「音声で知らせる」で設定すれば、かけてきた相手の名前を、Siriが読み上げて教えてくれるのです。この機能を利用する上で、いくつか注意点があります。まず、Siriが読み上げるのは「連絡先」アプリに登録された名前なので、連絡先に未登録の番号はすべて「不明な発信者」となります。また、機能を有効にする項目は3つありますが、きちんと動作させるにはそれぞれ条件があります。まず「常に知らせる」は、着信があると常にSiriが音声で名前を読み上げる設定ですが、サイレントモード中は読まれません。またこのモードにしていると、電車内や静かな場所で着信があった時に、周囲の人にも電話相手の名前を伝えてしまうので、この設定は避けたほうが無難でしょう。次に「ヘッドフォンのみ」は、Bluetoothや有線のイヤホンを接続している時だけ機能を有効にする設定ですが、「常に知らせる」とは逆に、サイレントモード中でないと名前を読み上げてくれません。イヤホンを使っていても、サイレントモードにし忘れていたら、普通に着信音しか鳴りません。最後に「ヘッドフォンと自動車」は、イヤホン接続時に加えて、自動車のカーナビなどと接続する「CarPlay」の利用時にも名前を読み上げる設定ですが、動作は「ヘッドフォンのみ」と同じで、やはりサイレントモードでないと名前は読まれません。基本的に、iPhoneを常時サイレントモードで持ち歩いていて、普段からイヤホンを使っている人には、便利な機能と言えるでしょう。なお、画面を見ずに電話相手を判断するには、バイブレーションを変更するのも手です。重要な相手は振動パターンを変えておけば、ポケットの中で振動した時に、すぐ出るべき相手か判断できます。

誰からの電話かすぐ分かる設定ポイント

イヤホン接続時に電話相手を音声で知らせる

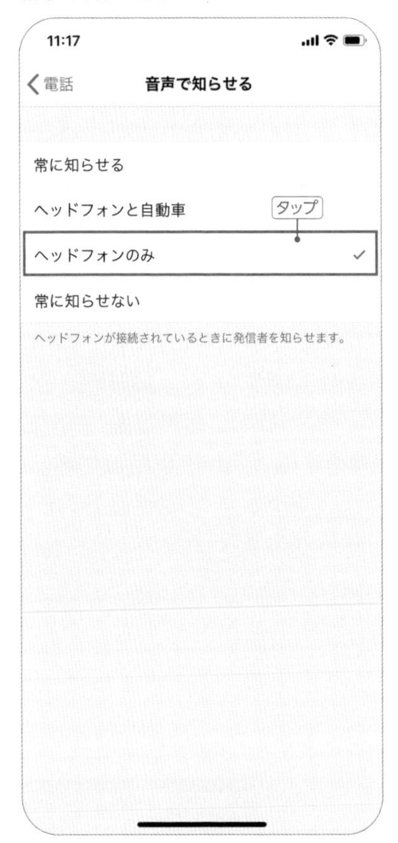

「設定」→「電話」→「音声で知らせる」で「ヘッドフォンのみ」にチェック、本体横のサイレントスイッチもオンにすれば、イヤホン接続中に電話がかかってきた際、Siriが相手の名前を読み上げてくれる。

特定の相手のバイブレーションを変更する

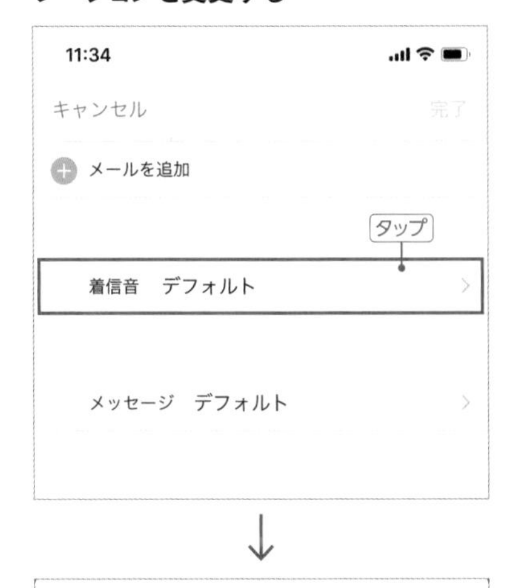

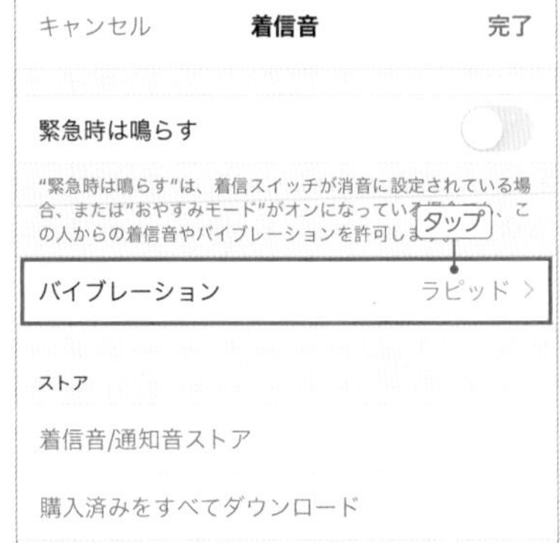

連絡先アプリで連絡先を開いて編集モードにし、「着信音」をタップ。「バイブレーション」で振動パターンを変更しておけば、iPhoneがポケットの中にあっても、誰からの電話かすぐ判断できるようになる。

使いこなしヒント

サイレントモード時もバイブレーションさせるには

「設定」→「サウンドと触覚」のバイブレーション項目では、通常の着信またはサイレントモード時に、端末を振動させるかを選択できる。サイレントモード時でも振動させるには、「サイレントスイッチ選択時」をオンにする。

連絡先はパソコンで効率的に入力·整理する

連絡先をまとめて削除したい時も簡単!

取引先が増えたりサークルに参加したりして、大量の連絡先の新規登録に迫られた時に、iPhoneで一つ一つ入力していくのは大変ですよね。iPhoneで作成した連絡先は、「iCloud」というインターネット上の保管スペースに保存されます。このiCloudの連絡先には、パソコンのWebブラウザからもアクセスできるので、もしあなたがパソコンを持っているなら、新しい住所の登録はパソコンで行った方が断然早いし楽です。パソコンのWebブラウザでiCloud.com(https://www.icloud.com/)にアクセスし、iPhoneと同じApple IDでサインイン。「連絡先」をクリックすれば、iPhoneに登録済みの連絡先が一覧表示され、新規連絡先も作成できます。作成した連絡先は、すぐにiPhoneの連絡先アプリにも同期されます。さらにiCloud.comだと、連絡先アプリではできない、新規グループの作成やグループ分けも行えます。また連絡先を削除したい時も、連絡先アプリだと一つずつ削除する必要がありますが、パソコンだと複数の連絡先をまとめて削除できて便利です。

パソコンのWebブラウザでiCloud.comにアクセス

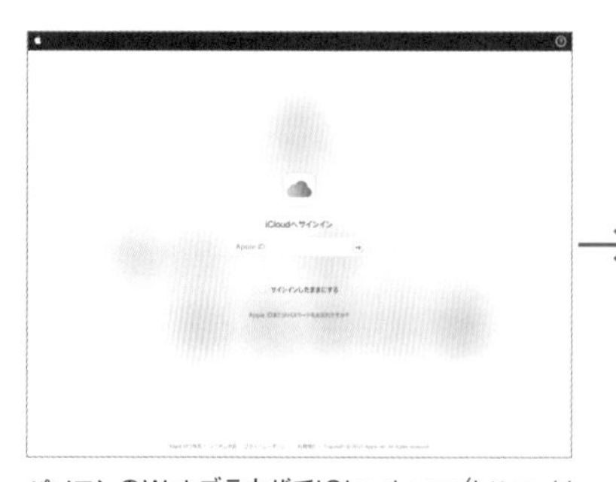

パソコンのWebブラウザでiCloud.com(https://www.icloud.com/)にアクセスし、iPhoneと同じApple IDでサインインしよう。

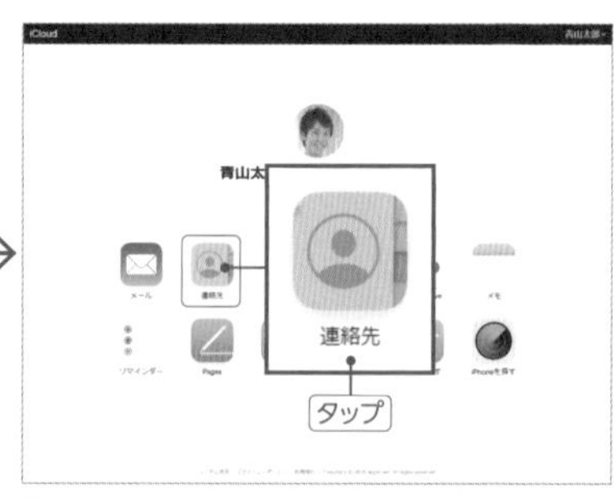

「連絡先」をクリックすると、iPhoneに登録済みの連絡先が一覧表示される。この画面で、連絡先の新規作成や編集が可能だ。

iCloud.comで連絡先を作成、編集、削除する

1 新規連絡先やグループを作成する

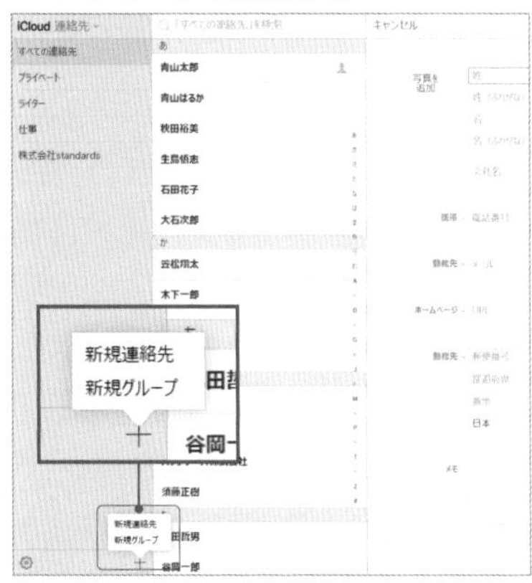

iCloud.comで連絡先画面を開いたら、左下の「+」ボタンをクリック。「新規連絡先」で新しい連絡先の作成画面が開くので、名前や住所を入力していこう。また「新規グループ」でグループも作成できる。

2 既存の連絡先を編集する

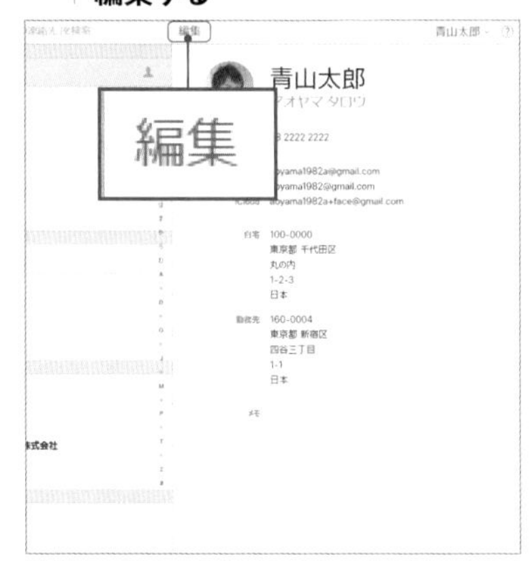

連絡先一覧の名前をクリックすると、右欄に内容が表示される。上部の「編集」ボタンをクリックすれば、この連絡先の編集が可能だ。相手の住所や電話番号が変わったら、変更を加えておこう。

3 複数の連絡先をまとめて削除する

ShiftやCtrl(Macではcommand)キーを使って連絡先を複数選択し、左下の歯車ボタンから「削除」をクリックすれば、選択した連絡先をまとめて削除することができる。

4 複数の連絡先をグループに振り分ける

ShiftやCtrl(Macではcommand)キーを使って連絡先を複数選択し、そのまま左のグループ欄にドラッグすれば、選択した連絡先をまとめてグループに振り分けることができる。

自分の電話番号をすぐに確認したい時は

自分のカードで確認できるようにしておこう

自分の電話番号はそう頻繁に調べる機会もないし、特に新しい番号に変更したばかりだと、まだ覚えきれていない人もいるでしょう。契約書などの記入時に電話番号を思い出せず、困った経験もあるのではないでしょうか。あらかじめ自分の連絡先を登録しておけば、連絡先アプリで開いて確認できますし、もっと確実にこの端末の電話番号を調べたければ、「設定」→「電話」をタップすれば、一番上に自分の電話番号が表示されます。ただ、これらの画面をいちいち開いて確認するのも面倒です。もっと手軽に表示できるようにしましょう。「設定」→「連絡先」→「自分の情報」で、自分の連絡先を選択しておけば、「連絡先」アプリを起動した際に、一番上に「自分のカード」が表示されるようになります。これをタップすれば、すぐに自分の電話番号を確認できます。

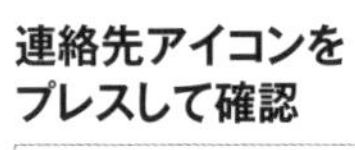

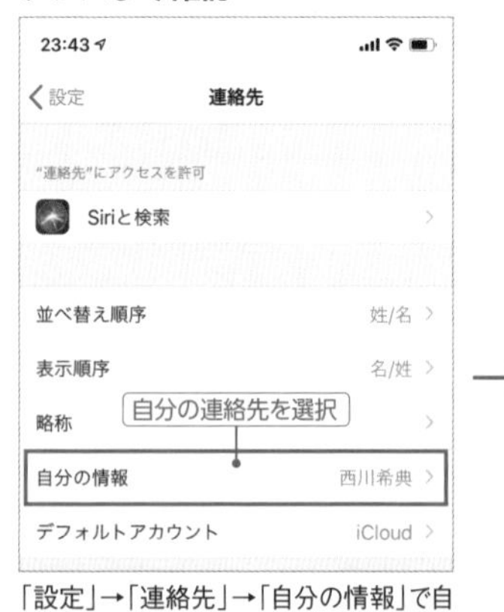

「設定」→「連絡先」→「自分の情報」で自分の連絡先を選択しておくと、連絡先アプリの一番上に「自分のカード」として表示されるようになり、タップして電話番号を確認できる。

重複した連絡先はひとつにまとめよう

「連絡先をリンク」でひとまとめに

連絡先に同じ名前が2つあって気になるなら、連絡先を開いて確認してみましょう。それぞれ電話番号のみや、メールアドレスのみを登録していて、連絡先が2つに分かれてしまっている事が多いはずです。そんな時は、連絡先アプリの「リンク」機能で結合しておけば、重複した連絡先を一つにまとめてスッキリさせることができます。まず、重複している連絡先の一つを選んで、「編集」をタップし、下の方にある「連絡先をリンク」をタップしましょう。続けて重複しているもう片方の連絡先を選択して上部の「リンク」をタップすれば、この2つの連絡先データが、一つの連絡先としてまとめて表示されるようになります。なお、連絡先のリンクを解除したい場合は、リンクした連絡先の「編集」をタップして、「リンク済み連絡先」の片方の「ー」をタップしましょう。リンクが解除されて、元の2つの連絡先に戻ります。

1 「連絡先をリンク」をタップする

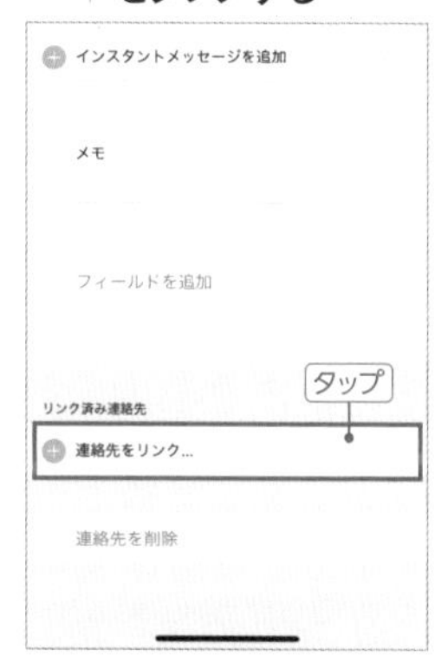

連絡先アプリで、重複している連絡先の片方を表示したら、「編集」→「連絡先をリンク」をタップする。

2 重複したもう片方の連絡先を選択

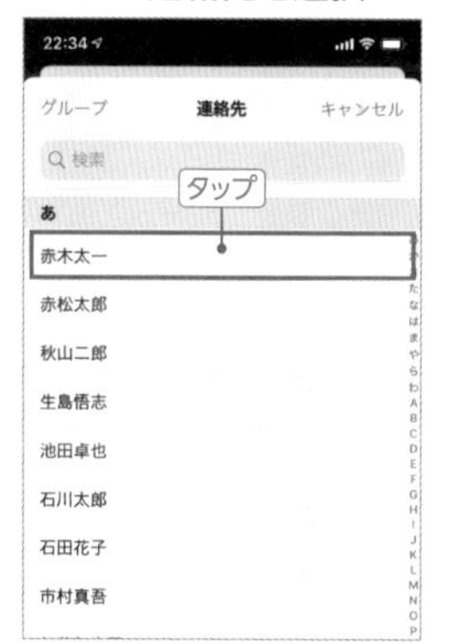

連絡先一覧が表示されるので、重複しているもう片方の連絡先を探し出して、タップしよう。

3 「リンク」をタップして連絡先を結合

右上の「リンク」をタップすれば、2つの連絡先データがひとつの連絡先にまとめて表示される。

FaceTimeやメッセージは3人以上でもやり取りできる

みんなでワイワイ会話を楽しもう

仲間と集まって雑談したいとか、旅行に行くメンバーで情報を共有したいといった時は、メッセージでグループを作成すると便利です。特別な操作は必要なく、宛先に複数の連絡先を入力してメッセージを送信すれば、自動的に全員が会話に参加できるグループメッセージになります。あとから新しいメンバーを追加することも可能です。iMessage同士であれば、現在地の共有も簡単にできるので、待ち合わせに使うのも便利です。またFaceTimeも、複数人での同時ビデオチャットや音声チャットに対応しています。こちらはなんと、最大32人での同時通話が可能。メッセージと同様に、複数の宛先を入力して発信するか、途中で他のメンバーを追加しましょう。さすがに32人で同時に接続したら、何が何やら分からなくなりそうですが、現在喋っている人の映像だけ自動的に大きく表示されますし、映像や音声もクリアで、なかなか快適に会話ができます。

FaceTimeで新しい参加者を追加する

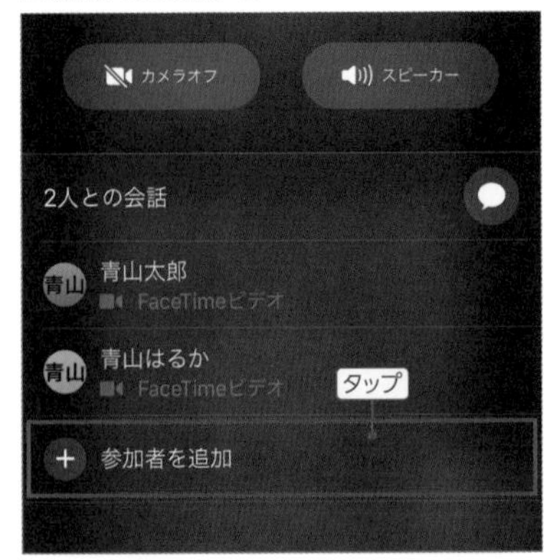

FaceTimeで通話中に他のメンバーを追加するには、下部のメニューを引き出して、「参加者を追加」をタップすればよい。

メッセージで新しい連絡先を追加する

メッセージで他のメンバーを追加するには、上部ユーザーアイコンから「i」をタップして詳細を開き、「連絡先を追加」をタップ。

FaceTimeとメッセージのグループ会話画面

グループFaceTimeの通話画面

グループFaceTimeでは、4人以上参加している時は発言中の人が自動的に大きく表示されるようになっている。最大参加人数は32人まで。下部のメニューからエフェクトの利用なども可能だ。

グループメッセージの画面

グループメッセージでは、参加メンバー全員が一つの画面内で会話でき、写真や動画なども投稿できる。画面上部のアイコンをタップして「i」をタップすれば、現在地の送信や共有などの機能も使える。

メッセージアプリからグループFaceTimeを使う

グループメッセージ中に、画面上部の参加メンバーアイコンをタップし、「オーディオ」や「FaceTime」ボタンをタップすると、参加メンバー全員にグループFaceTimeを発信できる。FaceTime通話の履歴は、メッセージ画面にも表示される。

情報送信にはスクリーンショットを積極的に活用しよう

やっぱり画像で見せるのが一番早い

　ネットでカッコいいTシャツを見つけたから友だちに教えたい、といった時はどうしているでしょう。URLをコピペしてSNSなどで送るのが一般的ですよね。ただ、iPhoneでのコピペって意外と操作が面倒です。そこでおすすめなのが、スクリーンショットの活用。電源ボタンと、音量上ボタンまたはホームボタンを同時押しすると、表示されている画面をそのまま画像として保存できます。このスクリーンショットで画面を送った方が、URLをコピペするより楽だし、見せたい部分だけ送れますし、何より画像で見せたほうが手っ取り早く相手に伝えられます。また、最近はURLをタップして開くまで時間のかかる、画像や広告だらけのサイトも多いです。特にギガを使い過ぎて通信速度が規制された状態では、まともにページを表示できません。そんな通信規制中の相手でも、画像1点なら最低限表示くらいはできるので、URLを送るよりもちゃんと見てもらえる可能性が高いのです。

リンクを送った場合

スクリーンショットを送った場合

こんなときはスクリーンショットを送ろう

1 ニュースなどの文字情報も スクショで十分

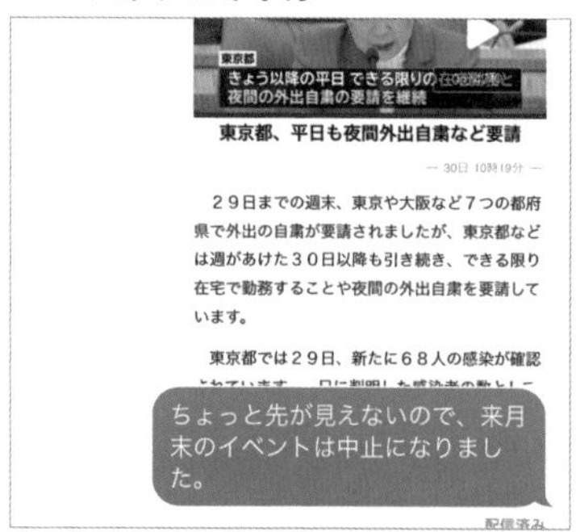

ニュースやブログなどの文字情報もスクリーンショットが手っ取り早い。よほどの長文でない限り画像で十分読める上、見出しなどの雰囲気も伝わりやすい。記事に写真があればなおさらだ。

2 書類への指示も スクショが分かりやすい

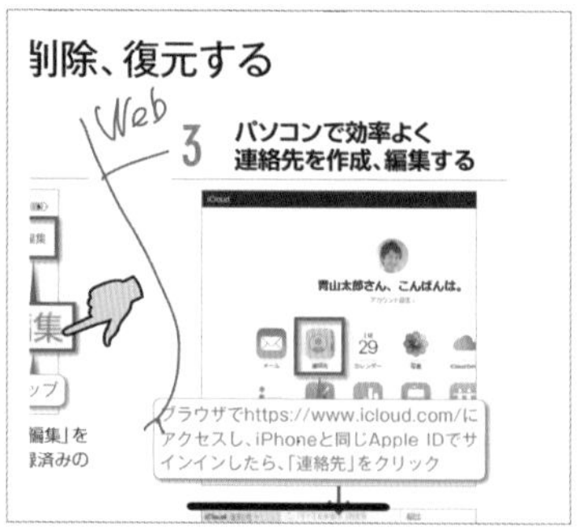

PDFにちょっとした指示を書き加えて返送する際などもスクリーンショットがおすすめ。ファイルを開く手間も省けるし、該当箇所を拡大してスクリーンショットを保存すれば、一目瞭然でわかりやすい。

3 自分用のメモとして 保存しておく

時刻表やマニュアルなど、自分用のメモとして画像で残しておけば、確認したい時にすぐ見ることができる。

4 広告だらけのサイトは 見せたい部分だけ送る

画像や広告が多いWebページは、URLを送られても迷惑なだけ。スクリーンショットで見せたい部分だけを示したほうが親切だ。

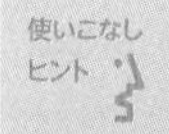

スクリーンショットでは保存できない画面もある

パスワードの入力画面や、動画配信サービスの映像など、一部の画面はスクリーンショットで撮影しようとしても、シャッター音が鳴らず保存できない。これは、セキュリティや著作権保護の観点から、アプリ側で画像として保存することを禁止しているため。仕様なので諦めよう。

section 02

056 メッセージの絵文字は「まとめて変換」がおすすめ

絵文字キーボードには最後に切り替える

iPhoneで絵文字を使いたい時、通常は絵文字キーボードに切り替えて好きな絵文字を選択するか、または変換候補から絵文字を選択しているはずです。ただメッセージアプリを使う場合は、もっと便利な入力方法があります。いったん文章を最後まで入力した後で、絵文字キーボードに切り替えると、絵文字に変換可能な語句がオレンジ色でハイライト表示されます。このオレンジの語句をタップすることで、絵文字に変換できるのです。最後まで文章を入力してから絵文字に変換する箇所を選べるので、全体のバランスを見ながら絵文字の量を調整できますし、変換した絵文字が気に入らなければ、再度タップしてすぐに元のテキストに戻せます。

1 絵文字キーボードに切り替える

文章を最後まで入力した後で絵文字キーボードに切り替えると、絵文字に変換可能な語句がオレンジで表示されるので、これをタップ。

2 あとから絵文字に変換できる

絵文字の候補が表示されるので、タップして変換しよう。変換した絵文字をタップして、元の語句に戻すこともできる。

特定の相手からのメッセージだけ通知を無効にする

頻繁にメッセージを送ってくる人への対処法

着信拒否にするような相手ではないけど、頻繁にメッセージが送られてきて通知音やバナー表示がうるさい……という時は、その人からの通知だけ狙い打ちでオフにしておきましょう。メッセージ一覧画面で、スレッドを左にスワイプして「通知を非表示」をタップすれば、この相手からの新着メッセージは通知されなくなります。メッセージ画面を開いて、上部のユーザーアイコンをタップし、「i」ボタンをタップ、詳細画面で「通知を非表示」のスイッチをオンにしてもいいです。これで通知音は鳴らないし、バナーなどの表示もされなくなりますが、メッセージアプリのアイコンへのバッジ表示は有効なままなので、新着メッセージが届いたことは確認できます。

特定の相手の通知をオフにする

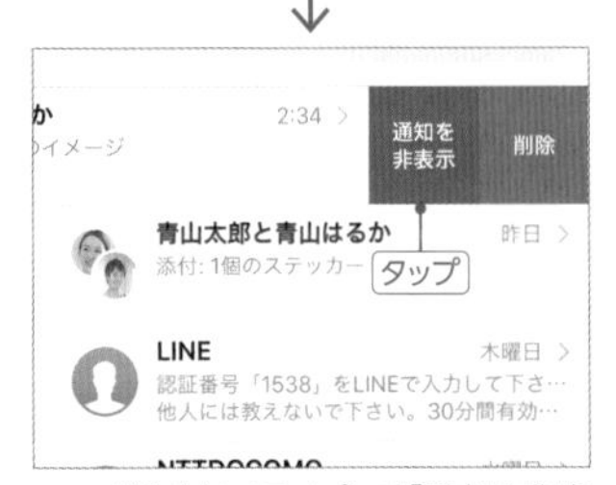

スレッドを左にスワイプして「通知を非表示」をタップすれば、この相手からの通知は表示されなくなり、通知音も鳴らない。

メッセージやメール、LINEの通知で内容が表示されないようにする

盗み見される危険を防ごう

メッセージやメール、LINEの通知が届いた時に、その内容の一部が画面に表示される事があります。この内容の一部が表示される機能を、「プレビュー」と言います。新着メッセージが届いたという通知とともに、その要件もある程度把握できて便利な機能ですが、満員電車の中などでプレビューが表示されると、チラ見されていないか周りの目が気になってしまいます。プライバシーの保護を重視するなら、プレビュー機能はオフにしておいた方がいいでしょう。「設定」→「通知」→「プレビューを表示」で、全体の共通設定として一括変更できるほか、アプリ単位で変更することもできます。「常に」はプレビューを常に表示する設定、「ロックされていないときのみ」は画面ロック中はプレビューを表示しないがロックが解除された状態なら表示する設定、「しない」はプレビューを常に表示しない設定です。

1 「プレビューを表示」をタップする

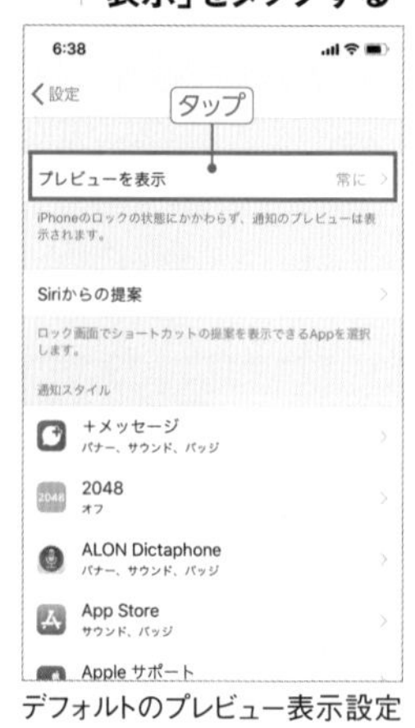

デフォルトのプレビュー表示設定を変更するには、「設定」→「通知」の一番上にある「プレビューを表示」をタップ。

2 全体のプレビュー表示設定を変更する

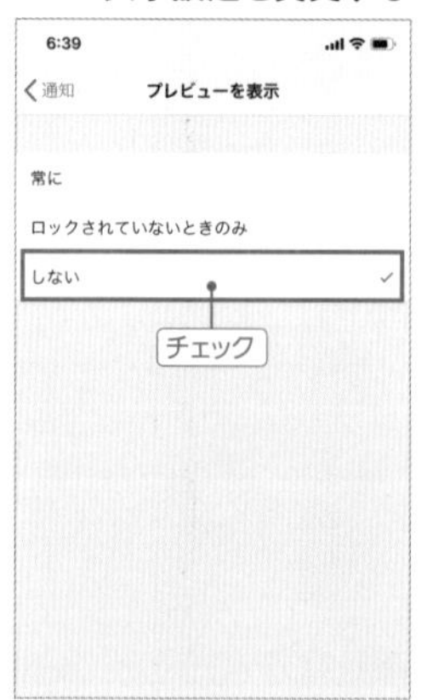

「しない」や「ロックされていないときのみ」にチェックしておこう。これがデフォルトのプレビュー表示設定になる。

3 アプリ単位で個別に設定するには

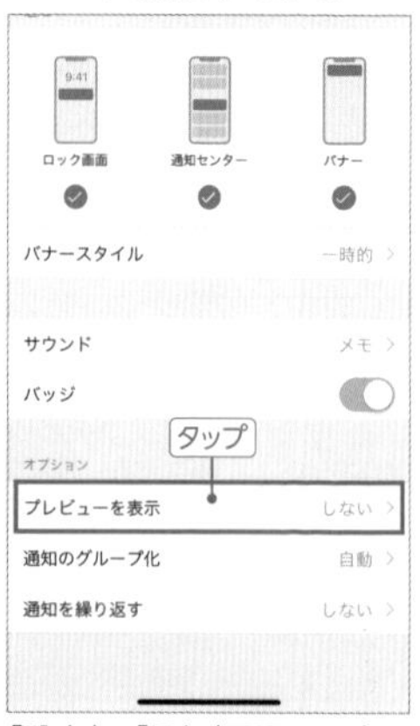

「設定」→「通知」画面でアプリを選択し、「プレビューを表示」をタップすると、アプリごとにプレビュー表示を設定できる。

プレビュー表示／非表示の通知画面の違い

プレビューを表示する設定の通知

プレビューの表示がオンだと、メッセージやメールの通知と共に、その内容の一部が画面に表示される。アプリを起動しなくても要件が分かって便利だが、周りに覗き見される危険も。

プレビューを表示しない設定の通知

プレビューを表示しない設定にしておけば、通知画面でメッセージやメールの内容が表示されない。覗き見される危険はないが、その内容を確認するのに、アプリを起動する一手間が必要だ。

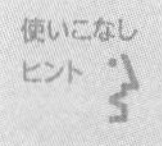

プレビューが非表示でも差出人名は表示される

プレビューを非表示に設定していても、メッセージやメールアプリの場合は、差出人名が表示されてしまう点に注意しよう。LINEなどアプリによっては、プレビューを非表示にすることで、送信者名も非表示にできる。

iMessageの既読通知がストレスに感じるなら

LINEと違って既読通知機能はオフにできる

LINEの既読表示が何かと取り沙汰されますが、実はiPhoneのiMessageにも、既読表示機能が付いています。iMessageを送信すると、メッセージの下に「配信済み」と表示されますが、相手がメッセージを読んだ時点で、これが「開封済み」という表示に変わるのです。ただしLINEと違って、iMessageの既読表示はオフにできるので、「開封済み」と表示されない場合は、相手がこの機能をオフにしています。自分も相手に開封済みの通知を知らせたくないなら、設定を変更しておきましょう。画面上部のユーザーアイコンをタップして「i」をタップ、詳細画面を開いて「開封証明を送信」のスイッチをオフにすれば、自分がメッセージを読んでも、相手に開封証明が届かなくなります。なお、開封証明はiMessageだけの機能なので、SMSやMMSのやり取りでは表示されません。

「開封証明を送信」をオフにしよう

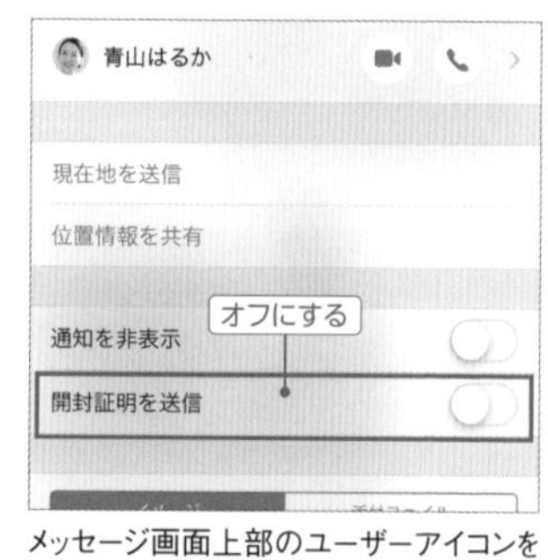

メッセージ画面上部のユーザーアイコンをタップして「i」をタップし、「開封証明を送信」のスイッチをオフにすると、相手の画面には「開封済み」が表示されなくなる。

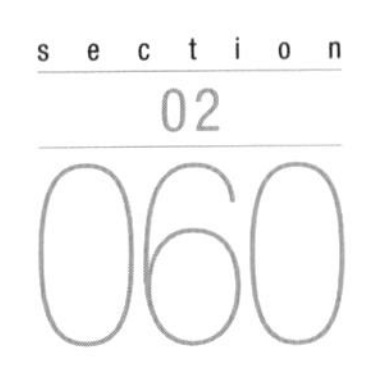

以前メッセージでやりとりしたあの写真を探し出す

詳細画面で写真やビデオを一覧表示できる

メッセージアプリで以前送ってもらった写真をもう一度見たい時、画面をスクロールして探し出すのは大変ですよね。そんな時は、メッセージ画面上部のユーザーアイコンをタップし、「i」ボタンをタップしてみましょう。詳細画面が開いて、下部の「イメージ」タブに、この相手とやり取りした写真やビデオが一覧表示されているはずです。写真をタップすれば、共有ボタンから端末に保存したり、メールに添付することもできます。また「添付ファイル」タブに切り替えると、音声ファイルなど、メッセージでやり取りしたその他のデータが一覧表示されます。こちらも、保存期限が切れていなければ、共有ボタンから保存が可能です。

1 画面上部の「i」をタップする

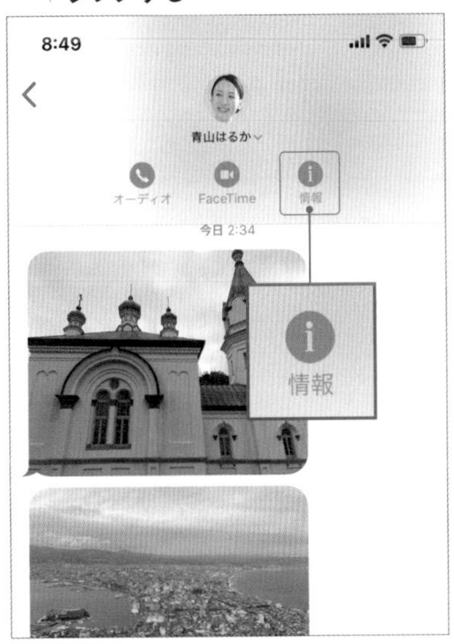

メッセージ画面上部のユーザーアイコンをタップし、「i」ボタンをタップしよう。

2 画像やビデオが一覧表示される

「イメージ」タブで写真やビデオが一覧表示され、過去にやり取りした写真もすばやく探し出せる。

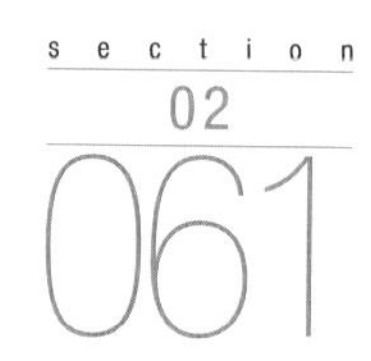

メールはシンプルに新着順に一覧表示したい

スレッド表示が苦手な場合は

iPhoneのメールアプリを使っていると、同じ件名で返信されたメールが、ひとまとめに表示される事に気付くでしょう。これは「スレッド」機能によるもので、タップすると、返信メールのやり取りをまとめて読むことができます。ただスレッドでまとめられてしまうと、複数回やり取りしたはずのメールが1つの件名でしか表示されないので、他のメールに埋もれてしまいがちです。スレッドだとメールを見つけにくかったり使いづらいと感じるなら、シンプルに新着順でメールが一覧表示されるように変更しておくのがおすすめです。「設定」→「メール」で「スレッドにまとめる」のスイッチをオフにしておきましょう。

スレッドにまとめるがオンの時

受信日時横の「>」マークがスレッドの印。やり取りした一連の送受信メールをまとめて表示できるが、慣れないと把握しづらい。

スレッドにまとめる設定を変更する

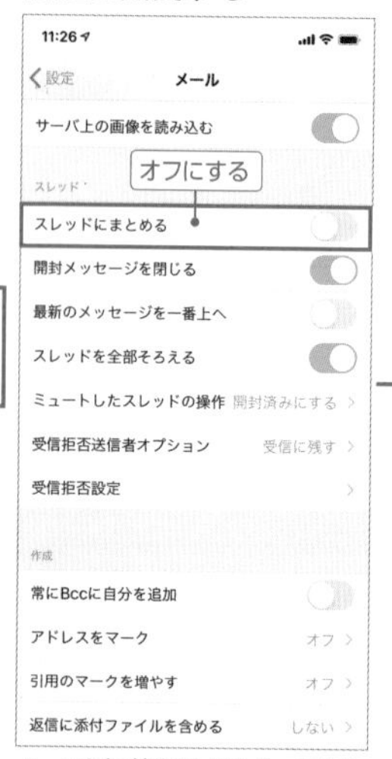

メールを新着順に1通ずつ表示したい時は、「設定」→「メール」で、「スレッドにまとめる」のスイッチをオフにしておこう。

新着順で表示されるようになった

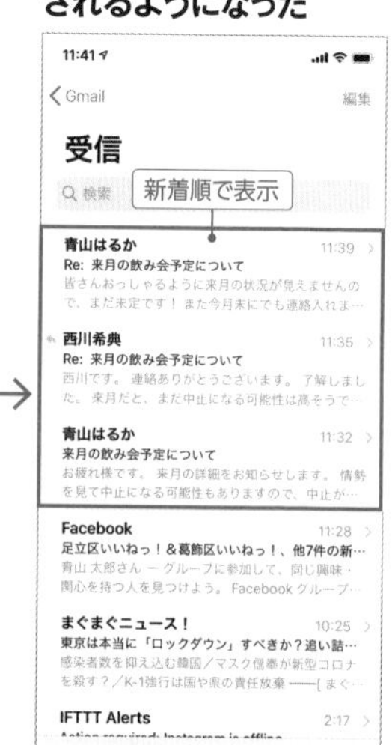

受信メールが新しい方から順に並んで表示される。こちらの方がシンプルで把握しやすい人も多いだろう。

section 02 062

メールボックスに「すべての送信済み」を表示しておこう

複数アカウントの送信済みをまとめて確認

メールアプリで複数のアカウントを追加して使っている人は、「全受信」メールボックスで、すべてのアカウントの受信メールをまとめてチェックしていると思います。いちいち各アカウントの受信トレイを開かずに済んで便利ですが、では自分の送信済みメールを確認しようとしたら、それぞれのアカウントの「送信済み」を開く必要があることに気付くでしょう。これを「全受信」のように、すべてのアカウントの送信済みメールもまとめて確認したいなら、「すべての送信済み」メールボックスを追加表示しておけばいいのです。メールボックス一覧の「編集」ボタンから追加することができます。

「すべての送信済み」を追加表示する

メールボックス画面で右上の「編集」をタップし、「すべての送信済み」にチェックすれば、メールボックス一覧に表示されるようになる。

たまりにたまった未開封メールを一気に開封する

気になる未読バッジ件数もすっきり解消

　メールマガジンなどに登録して毎日大量のメールが届いていると、興味のない件名のメールは、つい未読のまま放置しがちです。気付いたら、未読件数のバッジが凄い数字になっていた、という経験もあるのではないでしょうか。そんな大量の未読メールは、一通一通個別に開いて開封しなくても、もっと手軽にまとめて開封できます。メールアプリで受信トレイを開いたら、右上の「編集」ボタンをタップ。続けて左上の「すべてを選択」をタップし、下部の「マーク」→「開封済みにする」をタップしましょう。これで、未読メールがすべて開封済みに変わります。この時、間違えて「フラグ」をタップしないように注意!　間違えてフラグを付けてしまったら、「マーク」→「フラグを外す」でまとめて外せますが、元からフラグを付けていたメールからも外れてしまい、重要なメールが分からなくなります。重要なメールはフラグで管理するより、メールボックス一覧画面の「編集」→「新規メールボックス」で「重要」メールボックスなどを作成して、自分で振り分けておいた方がいいでしょう。

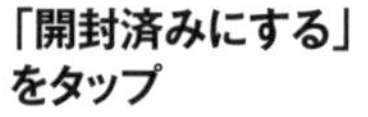

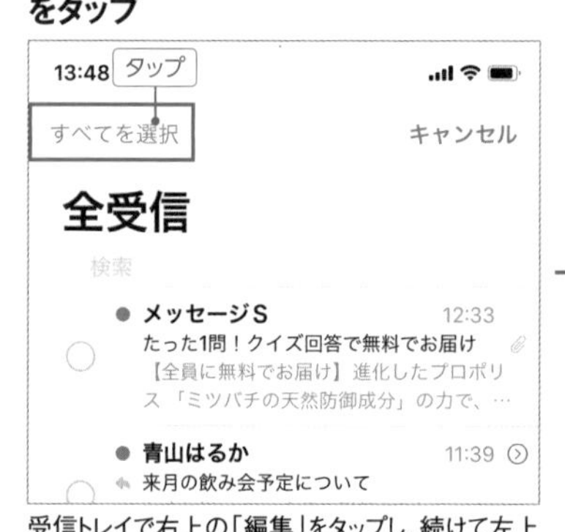

受信トレイで右上の「編集」をタップし、続けて左上の「すべてを選択」をタップ。さらに左下の「マーク」→「開封済みにする」で、このトレイのメールをすべて開封済みにできる。

→

section 02

064

複数のメールを2本指で素早く選択する

2本指でスワイプするだけ

メールアプリでは、受信トレイの「編集」→「すべてを選択」ですべてのメールをまとめて操作できますが、いくつかのメールだけ選んで操作したい場合は、メールを個別タップしていく必要があります。例えば頻繁に届くメールマガジンから、気になる件名だけを残してあとは削除するといった使い方をしていると、削除したいメールを個別に選択していく方法は大変面倒です。もっと素早く複数メールを選択する方法があるので、覚えておきましょう。やり方は簡単。受信トレイのメール一覧を、2本指で上下にスワイプするだけです。残したいメールがあれば一度指を離し、一つ飛ばして次のメールから2本指で下にスワイプしていけば、不要なメールだけがまとめて選択状態になり、下部の「ゴミ箱」をタップして削除できます。

2本指でスワイプしたメールが選択される

メールアプリの受信トレイを開き、2本指でスワイプしてみよう。2本指でスワイプしたメールだけが選択状態になり、下部のメニューでまとめて移動や削除などの操作を行える。

100MB超えのファイルもメールアプリで送信可能

Mail Dropでリンクを送ればOK

数百MBのファイルをiPhoneからメールで送信……というシチュエーションはあまりないと思いますが、メールアプリを使えば、相手の環境を選ばずに大容量ファイルを送信できることを覚えておくと便利です。使い方は非常に簡単。メールに100MBを超える大容量ファイルを添付して送信ボタンをタップすると、「Mail Dropを使用」というメニューが表示されるので、これをタップします。すると、ファイルがiCloudに一時的にアップロードされ、相手にはこのアップロードされたファイルのダウンロードリンクが送信されます。アップロードされたファイルは最大30日間保存されているので、相手は30日以内ならいつでもリンクをクリックして、ファイルをダウンロードすることができるのです。Mail Dropで送信できるファイルは、最大5GBまでとなっています。

1 メールに大容量ファイルを添付

メールの本文内をロングタップし、「写真またはビデオを挿入」や「書類を追加」で、大容量ファイルを添付する。

2 Mail Dropでファイルを送信する

送信ボタンをタップ。添付ファイルが100MBを超えているとメニューが表示されるので、「Mail Dropを使用」で送信しよう。

3 ダウンロードリンクが送信される

受信側には、「タップしてダウンロード」というiCloudのリンクが送信される。30日以内ならいつでもダウンロード可能だ。

section 02

066

Gmailをメールの自動バックアップツールとして使う

Gmailアドレスを使わなくても便利

Googleの無料メールサービス「Gmail」がおすすめです……と言うと、メールの乗り換えを促しているようですが、決してそうではありません。Gmailの「○○@gmail.com」というアドレスでメールをやり取りしなくても、別の便利な使い途があるのです。それは、Gmailを普段使っている会社のメールやプロバイダのメールのバックアップツールとする利用法です。Gmailには、「○○@gmail.com」を使えるメールサービスであると同時に、他のメールアドレスを設定して使えるメールクライアント(メールソフト)としての性質もあります。会社やプロバイダのメールアドレスをGmailに設定しておけば、Gmail上にもメールが受信されていくのです。放っておけば受信メールがどんどんGmailにたまっていくので、自動バックアップツールとしてとても有用です。何らかのトラブルで受信メールがすべて消えてしまったときも、Gmailを開けば過去の全ての受信メールを確認できますし、iPhoneやiPadを紛失した際も、Gmailにさえアクセスできれば会社のメールを送受信できるので、仕事の連絡が途絶えることもありません。ぜひ導入をおすすめします。

設定にはWeb版Gmailの操作が必要

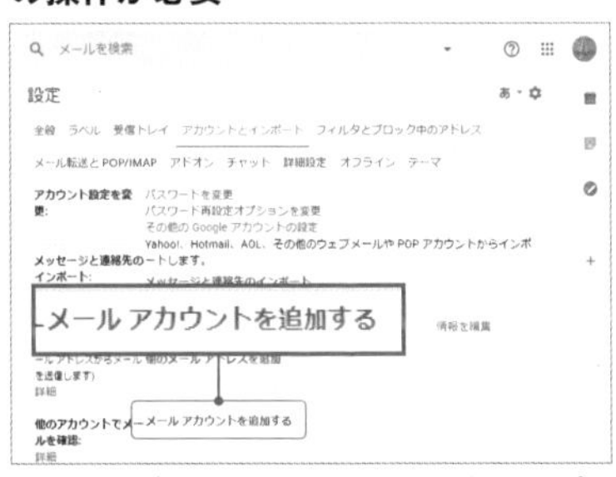

パソコンのブラウザか、またはSafariをデスクトップ用表示に切り替えて、Gmailにアクセスし、「設定」→「アカウントとインポート」→「メールアカウントを追加する」から自宅や会社のメールアカウントを追加する。

自宅や会社のメールがGmailに自動で溜まる

自宅や会社の受信メールが、すべてGmailに保存されるようになる。自宅や会社のメールアカウントごとにラベルを付けておけば、すぐに自宅や会社のメールだけ一覧表示できて便利だ。

ボタンのロングタップで下書きメールを素早く呼び出す

保存したまま忘れた下書きの確認にも

作成途中のメールを一旦置いておいて、あとで送りたい時は、メール作成画面の左上にある「キャンセル」ボタンをタップすれば下書きとして保存できます。この下書きからメール作成を再開しようとした時、肝心の下書きメールがどこに保存されているのか戸惑う人もいるかもしれません。具体的には、メールボックス一覧画面から、各アカウントの「下書き」トレイを開くと保存されているのですが、この画面からいちいち呼び出すのは面倒です。そこで、メールの新規作成ボタンをロングタップしてみましょう。下書き保存したメールが一覧表示されるので、タップして素早く呼び出し、作業を再開できるはずです。下書き保存したまま忘れているメールの確認にも便利なので、覚えておきましょう。

1 新規作成ボタンをロングタップする

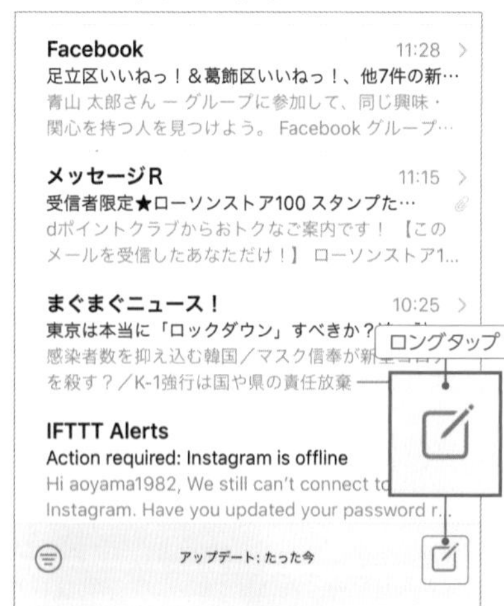

下書き保存したメールを素早く開くには、まずメールの新規作成ボタンをロングタップする。

2 下書き保存したメールを開く

下書き保存されたメールが一覧表示される。タップして開けば、すぐにメール作成を再開できる。

署名への電話番号入力をおすすめするには理由がある

「もしかして」で相手に知らせよう

連絡先に登録していない番号から電話やFaceTime通話がかかってきたのに、着信画面に「もしかして:○○」と表示され、電話に出たら実際に本人で驚いた経験はないでしょうか。これは、iPhoneがメールの内容を分析して、署名に記載されている電話番号から発信者を特定しているため。自分もメールの署名に電話番号を載せて送信しておけば、相手が自分の電話番号を連絡先に登録していなくても、「もしかして:○○」と表示されるようになり、「知らない人からの電話」とスルーされなくて済みます。不在着信の履歴にもしっかり表示されるので、ビジネスメールなどは電話番号入りの署名で送っておくのがおすすめです。まず「設定」→「メール」→「署名」をタップし、「アカウントごと」にチェック。仕事用アカウントの署名欄に、名前と電話番号を入力しておけば、新規メールの作成や返信時に、自動的に電話番号入りの署名が表示されるようになります。

署名に電話番号も入力しておく

「設定」→「メール」→「署名」で、仕事用アカウントの署名に、電話番号も入力しておこう。

必要なメールだけを抽出するフィルタボタンは意外と便利

フラグ付きやVIPメールも抽出できる

メール画面の右下にある新規メール作成ボタンは頻繁に使っているでしょうが、反対の左下にある三本線のボタン、こちらは使ったことがあるでしょうか。実は、条件と一致したメールだけを簡単に抽出できる、意外と便利なボタンなのです。とりあえず一度タップしてオンにすれば、効果のほどは分かると思います。「適用中のフィルタ:未開封」と表示され、未読メールだけが抽出表示されるはずです。この機能、未読メールを抽出するだけのものではありません。この「適用中のフィルタ:未開封」部分をタップしてみましょう。設定が開いて、未開封の他にも、フラグ付き、宛先が自分のメール、Ccに自分が含まれるメール、添付ファイル付きのみ、VIPに追加した相手からのメールのみなどを、フィルタ条件として指定できるのです。複数のフィルタを組み合わせることもできますし、メールボックスごとに個別にフィルタを設定することもできます。

1 フィルタボタンをタップする

青山 太郎さん ー グループに参加して、同じ興味・関心を持つ人を見つけよう。 Facebook グループ…
メッセージR 11:15
受信者限定★ローソンストア100 スタンプた…
dポイントクラブからおトクなご案内です！ 【このメールを受信したあなただけ！】 ローソンストア1...
タップ
まぐまぐニュース！ 10:25
本当に「ロックダウン」すべきか？追い詰…
数を抑え込む韓国／マスク信奉が新型コロナ…？／K-1強行は国や県の責任放棄 ――[まぐ…
IFTTT Alerts 2:17
アップデート: たった今
未開封11件

メールの受信トレイなどを開いたら、左下に用意されているフィルタボタンをタップしてオンにしてみよう。

2 未開封メールが抽出表示される

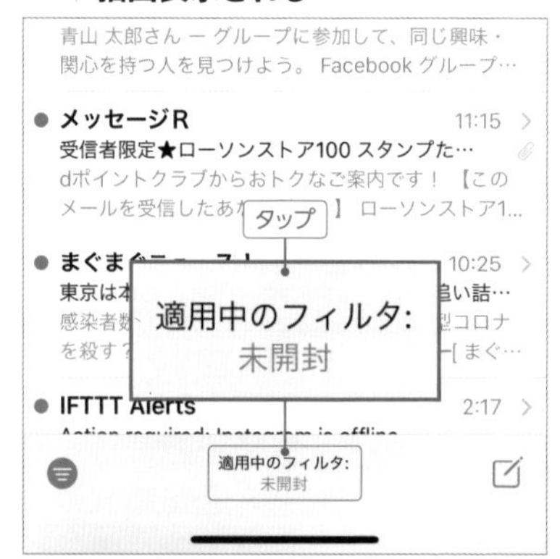

標準では、未開封メールが抽出表示される。このフィルタ条件を変更するには、下部中央の「適用中のフィルタ」部分をタップ。

フィルタ機能を使いこなす設定例

1 フィルタの条件を変更してみる

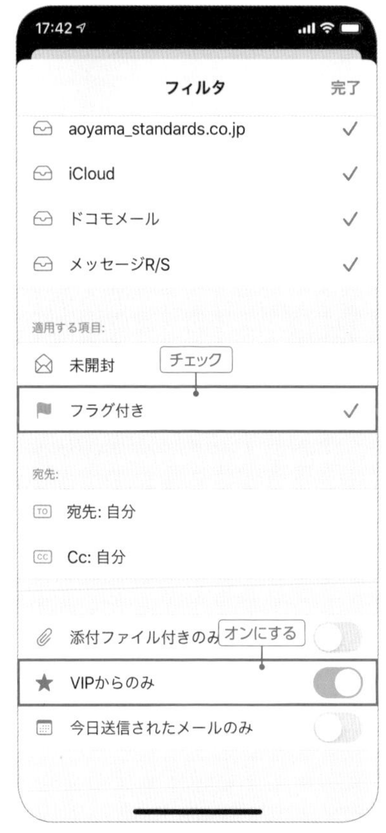

フィルタの設定画面では、さまざまなフィルタ条件を設定できる。例えば、フラグを付けていて、VIPに登録した相手からのメールを抽出するように、条件を変更してみよう。

2 設定した条件でメールが抽出される

「完了」をタップして画面を閉じれば、フラグ付きのVIPからのメールだけが一覧表示される。もう一度フィルタボタンをタップすれば、すぐにフィルタは解除されてもとのメール一覧画面に戻る。

使いこなしヒント
フィルタオンを標準状態にしておく使い方も

フィルタ機能はメールボックスごとに個別に設定でき、一度オンにすれば次回そのメールボックスを開いた時もオンのままになっている。例えば重要度の低いCcメールを大量に受け取っている場合は、「宛先:自分」のフィルタをオンにして、それを標準状態にしておくと表示がスッキリする。

「VIP」機能の便利で正しい使い方

重要な相手のメールを見逃さない

iPhoneのメールアプリには、「VIP」という機能があります。これは文字通り重要な相手からのメールを特別扱いする機能で、VIPに登録した連絡先からのメールは、自動的にメールボックスのVIPフォルダに振り分けられ、VIPだけの通知方法も設定しておけます。またこの機能は、特定の相手からのメールを振り分けるものなので、例えばプライベートと仕事の両方で付き合いがある人を登録しておけば、プライベートと仕事用、どちらのメールアドレス宛てに連絡が来ても、「VIP」フォルダで横断的に確認できるようになります。そのほか、同じプロジェクトに携わるメンバーを一時的にVIPに登録しておいて、VIPフォルダ内のメールでまとめて進捗を管理できるようにする、といった使い方も便利でしょう。このように工夫次第で、VIP機能を使って目的のメールだけを便利に振り分けできますので、ぜひ活用しましょう。

VIPに重要な相手を追加する

1 メールボックスのVIPをタップする

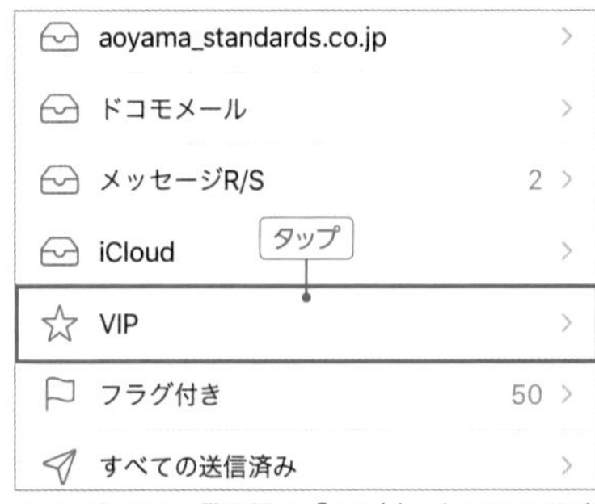

メールボックス一覧を開き、「VIP」(一人でもVIPを追加済みなら右端にある「i」ボタン)をタップする。

2 「VIPを追加」で連絡先を追加する

「VIPを追加」で重要な連絡先を追加しておこう。この連絡先からのメールは、自動的にVIPメールボックスに振り分けられる。

VIPメールの通知を設定する

1 VIPの「i」ボタンをタップする

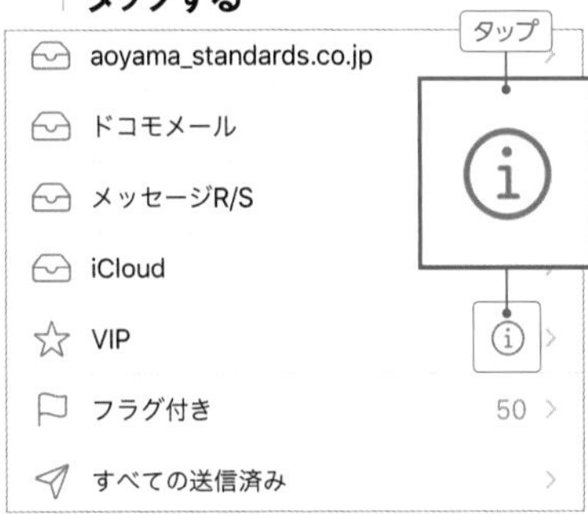

VIPメールの通知を変更するには、まずメールボックス一覧で、「VIP」の右端にある「i」ボタンをタップする。

2 「VIP通知」をタップする

VIPに追加した連絡先一覧が表示されるので、続けて「VIP通知」をタップしよう。なお「編集」をタップすれば、VIPに追加した連絡先を削除できる。

3 VIPメールの通知を設定

VIPメールだけの通知を設定できる。サウンドを変更したり、バナースタイルを「持続的」にするなどして、VIPからの通知を目立たせよう。

使いこなしヒント

逆にVIPだけ通知させない使い方も

VIPメールだけの通知設定ができることを利用して、逆にVIPメールは通知させないという使い方も便利だ。毎朝の社内報や進捗状況の報告メールなど、確認は必要だが頻繁に届いたり定時連絡されるメールは、VIPに追加して通知をオフにしておこう。

目当てのメールをズバリ探し出す検索方法

便利な検索候補を活用しよう

過去のメールを確認したくて探したい時、いちいち画面をスクロールして探していませんか？　最初は隠れているので気付きづらいですが、実はメール一覧を下にスワイプすると、上部に検索欄が表示されます。ここでキーワードを入力すると、キーワードを含むメールの候補が一覧表示されます。複数アカウントを追加している時は、「すべてのメールボックス」タブでまとめて横断検索が可能です。また、「4月」と入力して「日付」カテゴリをタップすると、4月のメールだけを検索できるといった機能も備えています。候補に表示されなかったり、本文内を検索したい時は、キーワードを入力後にキーボードの「検索」ボタンを押すか、または一番上の「"○○"を検索」をタップして全文検索しましょう。

1 メール一覧画面で検索欄を表示する

メール一覧画面で下にスワイプすると、上部に検索欄が表示されるので、ここにキーワードを入力しよう。

2 キーワードを含む候補から探し出す

キーワードを入力すると、その文字を含む人名や件名のメールがすぐにリストアップされ、素早く目的のメールを探し出せる。

日時を指定してメールを送信する

Gmailアプリなら予約送信が可能

期日が近づいたイベントのリマインドメールを送ったり、深夜に作成したメールを翌朝になってから送りたいといった時に便利なのが、メールの予約送信機能です。残念ながら標準のメールアプリでは予約送信ができないので、メールを予約送信したい時は「Gmail」アプリを使いましょう。Gmailアプリで新規メールを作成したら、送信ボタンの横にあるオプションボタン（3つのドット）をタップ。「送信日時を設定」をタップすると、「明日の朝」「明日の午後」「月曜日の朝」など送信日時の候補から選択できます。または、「日付と時間を選択」をタップして、自分で送信日時を指定します。これで、あらかじめ下書きしておいたメールが、指定した日時に予約送信されます。

Gmailアプリで予約送信する

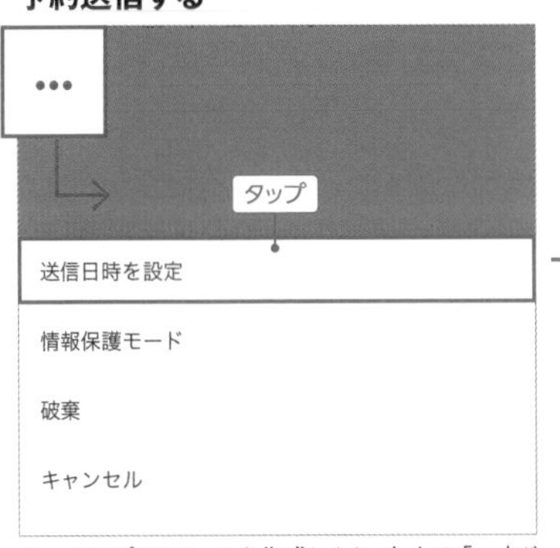

Gmailアプリでメールを作成したら、右上の「…」ボタンをタップ。続けて「送信日時を設定」をタップし、メールを送信する日時を予約しよう。

Gmail
作者 Google LLC
価格 無料

section 02

073

LINEのトークスクショはこんなときに役立てよう

見せたいトークだけを匿名で保存できる

Twitterなどで LINEのトークのやり取りを公開している人を時々見かけますが、トーク画面のスクリーンショットをそのままアップしている人も多く、前後のトーク内容を読めてしまったり、相手のアイコンや名前が丸見えだったりして、ツイートを見ているこっちがヒヤヒヤしてしまいます。LINEのトークが面白かったとか嬉しかったとか、トークを晒す目的がポジティブなものであったとしても、最低限のマナーとしてプライバシーには配慮しておきたいところです。そんな問題を解決するために、LINEには「トークスクショ」という便利な機能が用意されています。使い方は簡単、まず保存したいトークをロングタップで選択し、メニューから「スクショ」をタップします。すると選択したトークが、キャプチャ範囲として明るく表示されます。他のトークもタップすると、明るく反転して、キャプチャ範囲を広げることができます。もちろんスタンプの選択も可能。あとは「スクショ」をタップして選択範囲のスクリーンショットを撮れば、画像として端末に保存したり、他のユーザーにそのまま画像で送ることができます。この機能の便利なところは、まず見せたいトークだけを選択して画像にできる点です。2つ3つのやり取りだけを保存することもできるし、逆に画面内に収まりきらない長いやり取りを1枚の画像として保存することもできるのです。友だちにトークを見せたい時は、何枚もの画像を送るより、1枚の画像でまとめて送ったほうがスマートです。また、「情報を隠す」をタップすれば、トーク画面の名前やアイコンをダミーに置き換えて隠すことができます。さらに、キャプチャしたトークの画像に手書きで文字を書き込める機能も備えています。このように、LINEのトークを他の人に見せることに特化した機能なので、うまく活用しましょう。なお、トークをスクショして他の人に送ったからといって、スクショした相手に何か通知されるといったことはありません。

トークスクショでLINEのトーク画面を保存して送る

1 ロングタップして「スクショ」をタップ

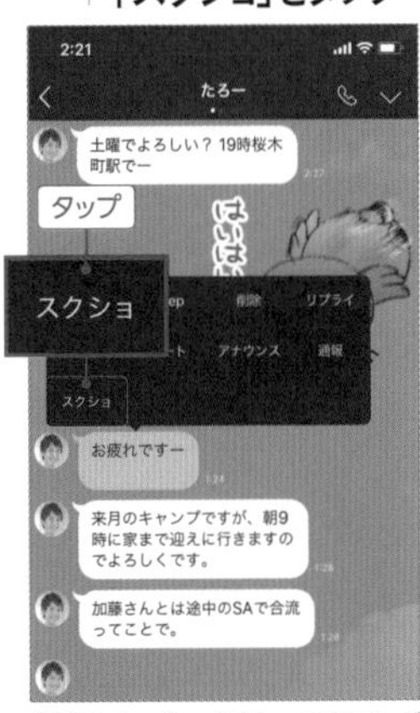

保存したいトークの一つをロングタップして、開いたメニューから「スクショ」をタップしよう。

2 スクショする範囲を指定

トークスクショで保存できる範囲が明るく表示されるので、他のトークもタップしていき、スクショする範囲を決める。

3 発信者のアイコンを隠す

「情報を隠す」をタップすると、メッセージ送信者のアイコンが他の画像に置き換わって隠せる。「情報を表示」で元に戻る。

4 「スクショ」で画像として保存

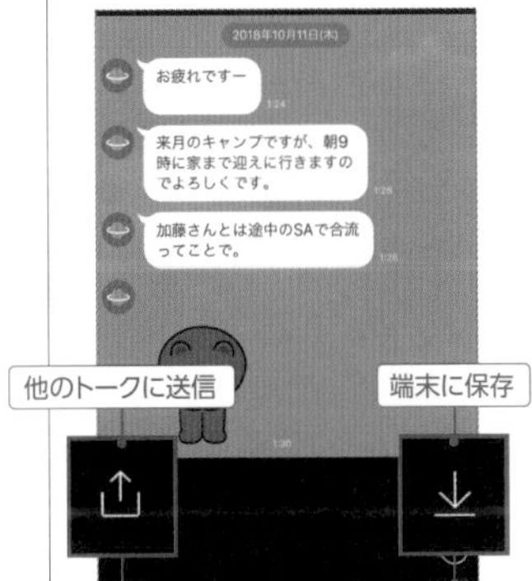

「スクショ」をタップすると選択範囲がキャプチャされる。左下のボタンで他のトークに送信、右下のボタンで端末に保存。

5 画像内に書き込みもできる

右下の鉛筆ボタンをタップすれば、トークスクショした画面内に、イラストや文字を書き込むこともできる。

6 他のトークに送信した画面

トークスクショを他のトークに送信すると、このように画像として表示され、見せたいトークだけを見せることができる。

section 02

074 LINEで既読を付けずにこっそりメッセージを読む

あのおせっかい機能を回避しよう

もはや日常生活に欠かせない、定番コミュニケーションツールとなった「LINE」。ただ、トークに付く既読表示が苦手で、あまりLINEを使いたくないという人も多いようです。この既読通知、相手が内容を読んでくれたことが確実に分かるので、送信側としては便利な機能です。反対に受信側としては、「読んだからにはすぐに返事をしなければ」というプレッシャーに襲われて、相手に気を使いがちな人ほどLINEでのやり取りを負担に感じてしまいます。そこで、既読を付けずにメッセージ内容を表示する方法をいくつか知っておきましょう。これでざっと内容を確認し、大した要件でなければ、「まだ読んでいない」と言い訳できる時間を作って返信を後回しにできます。ただし、通知をうっかりタップしてLINEを起動してしまうなど、操作ミスで既読表示になってしまう事もあります。一度既読が付いてしまうと未読には戻せないので、注意しましょう。

LINEで届いたメッセージを読むと、相手の画面にはこのように「既読」が表示される。自分が読んだことはもう相手に伝わっているので、すぐに返信しないと、なんだか申し訳ない気分に。

iPhone版LINEで既読を付けずに読む方法

1 LINEのプレビュー表示をオンにする

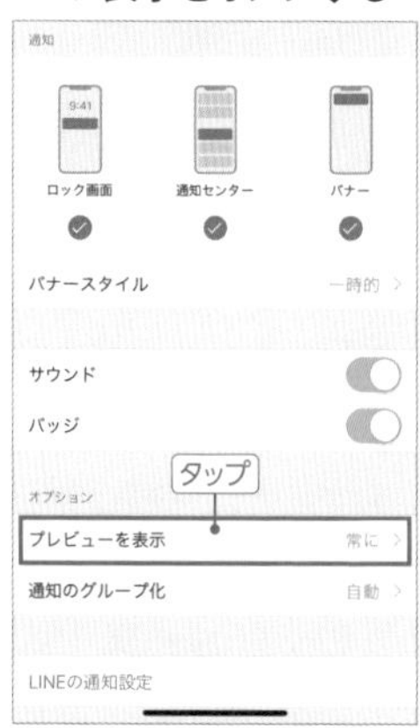

「設定」→「通知」→「LINE」で、「プレビューを表示」を「常に」か「ロックされていないときのみ」にしておく。

2 通知センターで内容を確認する

通知センターの表示である程度の内容を読める。設定で文字サイズを最小にしておけば、さらに表示される文字数は増える。

3 通知をロングタップで全文表示

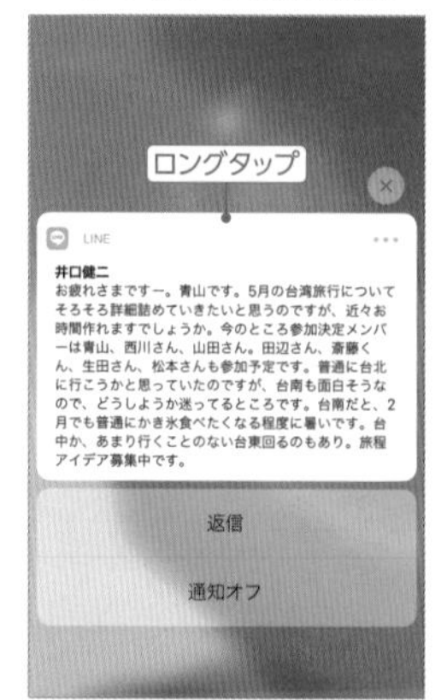

通知センターでトークを全部読めなくても、通知をロングタップすれば全文表示できる。写真やスタンプも表示される。

4 トークリストでロングタップ

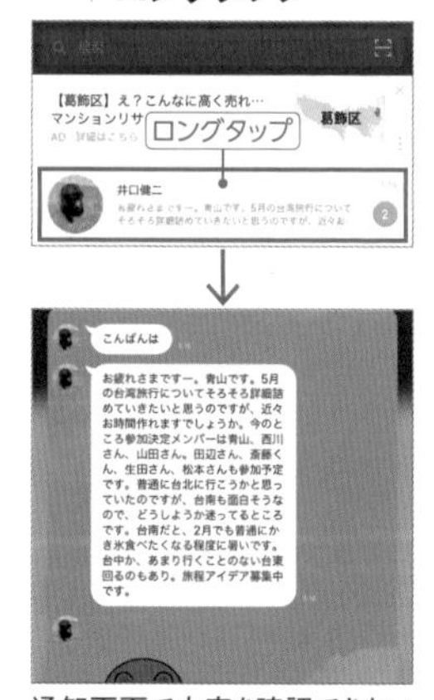

通知画面で内容を確認できない時は、トークリストでトークを選んでロングタップしよう。1画面分がプレビュー表示される。

5 機内モードにしてトークを開く

機内モードでLINEを起動すれば既読にならない。LINEを完全終了させずに機内モードをオフにすると、すぐ既読が付くので注意。

使いこなしヒント

送信を取り消したメッセージの通知表示

このように、LINEのトーク内容は通知センターなどで簡単に確認できるので、No075で解説している送信取り消し機能を使っても、誤送信したメッセージ内容を相手に読まれてしまう可能性がある。ただし、送信取り消し機能を実行すると、相手のロック画面や通知センターから、通知も即座に消える仕様になっている。通知が表示された瞬間に読まれてさえいなければ、相手に内容を知られることはない。相手の端末がiPhoneでもAndroidスマートフォンでも同じだ。

section 02
075

送って後悔したメッセージは24時間以内なら取り消せる

取り消したことはバレてしまうので注意しよう

LINEを日常的に使っていると、一度や二度は、相手を間違えてメッセージを送信する、いわゆる「誤爆」の経験があると思います。友達への軽口を別の友だちに送る程度なら笑い話で済みますが、相手が仕事先だったりすると、取り返しのつかないことにもなりかねません。メッセージに既読が付いてしまう前に、急いで送信の取り消し操作を行いましょう。送信してから24時間以内であれば、送ったメッセージをなかった事にして、相手のトーク画面からも消すことができます。ただし、送信を取り消すと、相手の画面には「○○がメッセージの送信を取り消しました」という取り消し履歴が残ってしまいます。取り消したあとで、フォローのメッセージは送っておくべきでしょう。また相手の設定によっては、通知画面で誤爆メッセージの内容がバレてしまう可能性もあります。この場合は、諦めるしかありません。

1 トークの送信を取り消すには

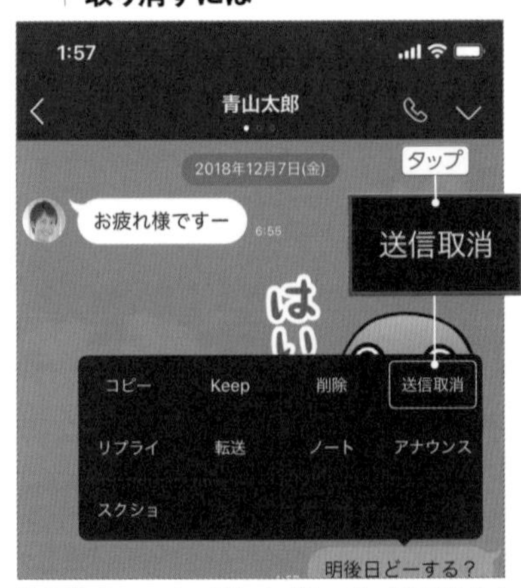

取り消したいメッセージをロングタップし、表示されたメニューで「送信取消」をタップすると、このメッセージを取り消せる。

2 取り消しの履歴は残ってしまう

ただし送信取り消しを行うと、相手にも取り消しの履歴が表示される。一言お詫びのメッセージを送っておこう。

LINEでどのメッセージへの返事かひと目でわかるようにする

大人数のグループトークで便利な機能

大人数のLINEグループでみんなが好き勝手にトークしていると、自分宛てのメッセージが他のトークで流れてしまって、返信のタイミングを逃すことがありますよね。軽口やらスタンプやらの応酬で、話の流れが寸断されるのもありがちです。そんな時に便利なのが「リプライ」機能。メッセージをロングタップし、表示されたメニューで「リプライ」をタップすれば、そのメッセージを引用した形で返信できるのです。誰のどのメッセージに宛てた返信か、ひと目で分かって効果的です。

1 「リプライ」をタップする

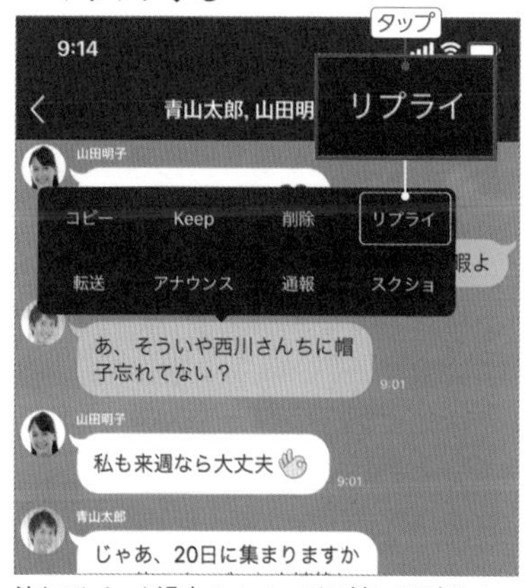

流れてしまった過去のメッセージに対して返信したい場合は、そのメッセージをロングタップして、「リプライ」をタップ。

2 引用した状態で返信できる

このように、メッセージを引用した状態で、メッセージを送信できる。誰のどのメッセージに宛てた返信か分かりやすい。

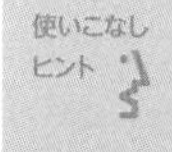

「@」の入力で相手を指定した返信もできる

他にもLINEのグループトークでは、メッセージ入力欄に「@」を入力すれば、メンバー一覧から指名したい相手を選択して、特定の人に宛てたメッセージを送信できる。「リプライ」と違ってメッセージの引用はできないが、この方法でも、誰宛てのメッセージかがひと目で分かるようになる。

iPhoneと同じLINEアカウントをiPadでも利用する

QRコードを読み取るだけでOK

LINEは基本的に、1つのアカウントにつき1つの端末でしか使えないサービスです。TwitterやFacebookなら、iPhoneとAndroidスマートフォンにそれぞれアプリをインストールして、2台とも同じアカウントで同じ画面を見ることができますが、LINEはそれができません。ところが、iPhoneとiPadのLINEアプリは、少し関係が違います。iPadのLINEでは、iPhoneと違うアカウントを作成して別のLINEとして使ってもいいし、iPhoneと同じアカウントでログインして同時に利用することもできるのです。iPhoneとiPadで同じLINEを使えると、まず非常用のバックアップとして助かります。iPhoneが突然使えなくなっても、iPadのLINEで連絡を取ることができるようになります。また、iPhoneでゲームを遊びながら、iPadのLINEで友達と会話するといった使い方もできます。2台で同じLINEを使えるというのは何かと便利なので、iPadを持っているなら活用しましょう。

iPadのLINEを新しいアカウントで使うには

iPadのLINEを、iPhoneのLINEとは違うアカウントで使うには、下部の「アカウントを新規登録、または～」をタップ。新規登録には必ず電話番号が必要(固定電話の番号でもOK)で、以前はできたFacebookアカウントでの新規登録ができなくなっている。また、iPadはセルラーモデルであってもSMS認証ができない。認証番号の入力画面で「通話による認証」をタップし、かかってきた電話の自動音声で認証番号を確認して入力しよう。

iPadのLINEをiPhoneと同じアカウントで使う方法

1 QRコードログインをタップする

まずはiPadにLINEアプリをインストールする。LINEを起動したら、「QRコードログイン」をタップしよう。

2 iPadの画面にQRコードが表示される

iPadの画面にQRコードが表示される。この画面を表示したまま、iPhoneのLINEで、友だち追加画面の「QRコード」をタップ。

3 iPhone側でQRコードを読み取る

iPhoneのLINEでQRコードリーダーを起動し、iPad側に表示されたQRコードを読み取ったら「ログイン」をタップ。続けて、iPad側に表示された認証番号を入力しよう。

4 iPadのLINEでログインできた

LINEでブロックされているかどうか判定する裏技

プレゼントを送ってハッキリさせよう

LINEでメッセージを送ったのにちっとも既読が付かず、無料通話をかけても相手が出てくれない……。そんな状態が続くなら、相手にブロックされているのかも。ただLINEは、ブロックした事実が相手に伝わらない仕様なので、本当にブロックされたのか、単に連絡が付きにくいだけなのか、はっきりとは分かりません。そこで、LINEスタンプのプレゼントを使った、ブロック判定ワザを試してみましょう。相手が持っていなさそうなスタンプをプレゼントして、「○○はこのスタンプを持っているためプレゼントできません。」と表示されたら、ブロックされている可能性が高いです。本当にそのスタンプを持っていてプレゼントできない可能性もありますので、念のため複数のスタンプで試せば、より確実に判断できるでしょう。まあ、ブロックされていることが判明したところで、受け入れるしかないのですが……。

1 スタンプをプレゼントする

「ホーム」→「スタンプ」でスタンプショップを開き、適当な有料スタンプを選んで「プレゼントする」をタップしよう。

2 表示内容でブロックを判断

section 02

079

未読スルーを回避するLINE送信テクニック

相手の通知設定によっては意味がないことも

LINEでメッセージを送っても、なかなか返信が来ない時。既読スルーであれば、最低限相手に読まれていることは分かります。ただ、未読のままスルーされてしまうと、通知に気付いてないだけか、それともわざと放置しているのか、判断しにくいところ。そんな未読スルーを防ぐには、メッセージを1回では送らない方法が効果的です。「明日飲みがあるんだけど来れる?」「渋谷に18時です」「今日中に返事ください」など、数回に分けてメッセージを送って、その前に送ったメッセージをしっかり読むように仕向けましょう。最後にスタンプを送って、以前のメッセージを隠すのも有効な手です。ただこのテクニック、相手の設定によっては、通知履歴で未読のまま内容を読まれてしまうので、その場合はあまり意味がありません。反応がないなら、諦めも肝心です。気長に返事を待ちましょう。

なかなか既読にしてくれない相手には、メッセージを複数回に分けて、最後は気になる文章やスタンプで締めくくろう。

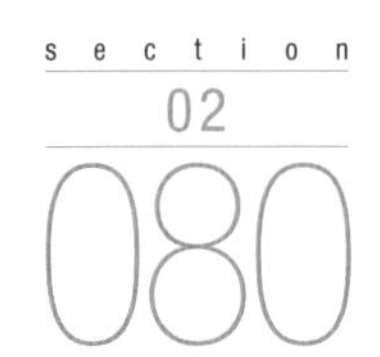

section 02 080

以前LINEでやり取りした写真や動画をもう一度見たい

期限切れになるまえに保存しておこう

LINEでやり取りした写真や動画は、メッセージと同じ画面で表示されるので、日常の会話に流されてすぐ埋もれてしまいます。あの時の写真はどこだっけ、とトークルームを一生懸命さかのぼって探すも、結局面倒になって途中で探すのを止めた経験もあるのではないでしょうか。ただ実は、トークルーム内の写真や動画を探したいだけなら、簡単な方法があります。トークルーム右上の三本線ボタンをタップしてメニューを開き、「写真・動画」をタップすれば、過去の写真や動画を一覧表示できるのです。ただし、古い写真や動画の中には、サムネイルが生成されず、タップしても読み込みエラーで表示できないものがあります。これは、写真や動画の保存期間が切れているため。データがLINEのサーバ上に残っていないので、もう表示したり再生することはできません。写真や動画の保存期間は「一定期間」としか公表されていませんので、送ってもらった写真が消えて後悔することのないよう、すぐに保存しておくのがおすすめです。写真を開いて右下のダウンロードボタンから、「Keep」や「アルバム」に保存しておけば保存期間に制限はありませんし、iPhone内に保存することもできます。

トークルームの「コンテンツ」を開く

写真や動画を探したいトークルームを開いたら、画面右上の三本線ボタンをタップしてメニューを開こう。

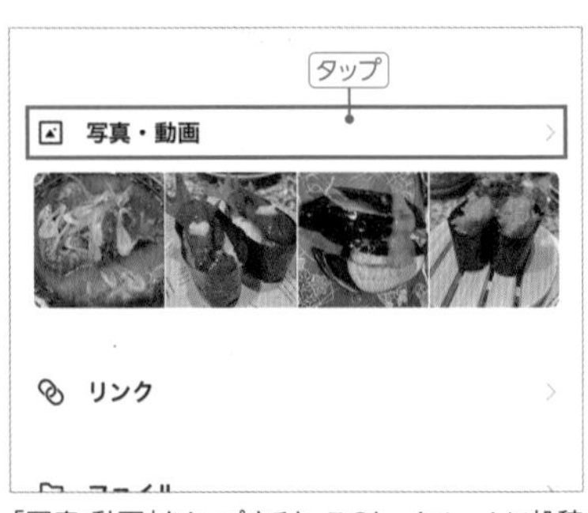

「写真・動画」をタップすると、このトークルームに投稿された写真や動画ををまとめて確認できる。

以前やり取りした写真や動画を表示、保存する

1 もう一度見たい写真や動画をタップ

「写真・動画」タブで、写真や動画だけを一覧表示できる。もう一度見たいものを探してタップしよう。画面上部の名前と日付をタップすれば、その写真がアップされたトーク画面にすばやく移動できる。

2 保存期限が切れたものは表示できない

「保存期間が終了したため～」とエラーが表示されたら、すでにデータが残っていないので、残念ながらもう見ることはできない。

3 お気に入りの写真は保存しておこう

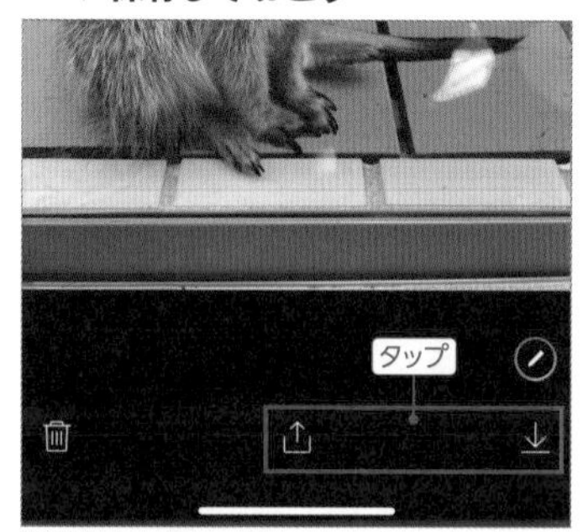

期限切れで後悔しないように、気に入った写真や動画は、右下のダウンロードボタンでiPhoneに保存しよう。共有ボタンでアルバムやKeepにも保存できる。

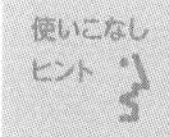

アルバムやKeep内の写真は保存期限なし

LINEで「アルバム」を作成して保存しておけば、無期限で写真が残ったままになり、グループ内のユーザーとも共有できる。個人的に保存したい写真は、合計1GBまで無期限で保存できる「Keep」を使おう。ただしKeepを使う場合、50MB以上のファイルだと保存期間が30日間に制限されるので注意しよう。

LINEの友だちの表示名は勝手に変更できる

これ誰だっけ、とならないように

LINEの友だち画面では、相手がプロフィールで設定した名前が表示されます。多くの人はニックネームなどに変更していて、中には気分次第で頻繁に名前を変えている人もいるでしょう。ただこれ、あまり付き合いがない人にされると、どれが誰だか分からなくなって大変困ります。そんな事にならないように、相手とLINEを交換した時に、自分に分かる名前に変更しておきましょう。友だちのプロフィールを開いて、名前の横にある鉛筆ボタンをタップすれば、好きな名前に変更できます。変更した名前は、自分のLINE上だけで表示されるものなので、相手に伝わることはありません。また、相手が名前を変更しても、自分が設定した名前のままで表示され続けます。

1 名前の横の鉛筆ボタンをタップ

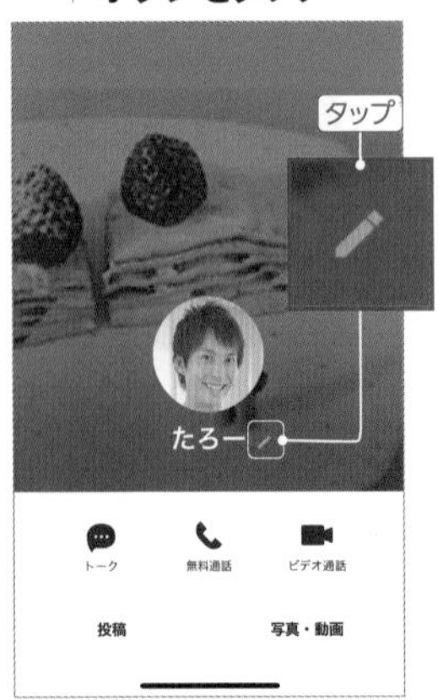

友だち一覧で相手の名前をタップしたら、名前の右にある鉛筆ボタンをタップしよう。

2 自分が分かる名前に変更する

自分が分かる名前に書き換えて「保存」をタップしよう。自分のLINE上だけで表示される名前なので、相手には伝わらない。

3 元の名前に戻すには

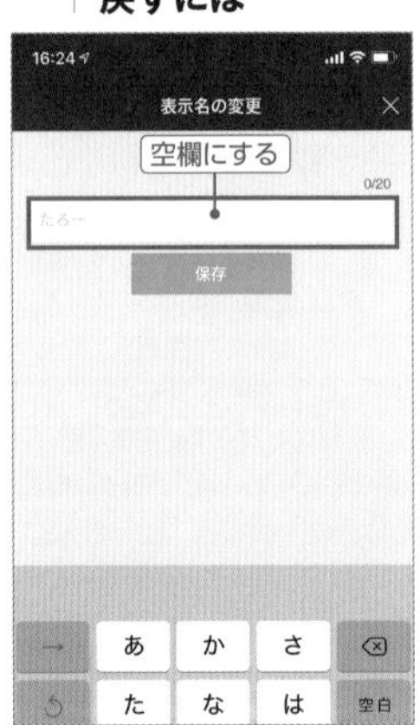

元の名前に戻したい時は、もう一度鉛筆ボタンをタップし、名前を空欄にしてから「保存」をタップすればよい。

Twitterで日本語のツイートだけを検索する

検索オプションを使いこなそう!

Twitterを英語のキーワードで検索したら、英語のツイートばかりがヒットして困ったことはないでしょうか。「話題」タブではある程度日本語ツイートが優先して表示されますが、「最新」タブで時系列表示にし、日本語ツイートだけを探したい時は大変不便です。そんな時に覚えておくと便利なのが、Twitterの検索オプション。キーワードの後にスペースを挿入し、続けて「lang:ja」を入力して検索すれば、日本語のツイートだけが表示されるのです。検索オプションは他にも色々あるので、うまく組み合わせて効率よくツイートを検索しましょう。

Twitterの便利な検索オプション

オプション	内容
lang:ja	日本語ツイートのみ検索
lang:en	英語ツイートのみ検索
near:"東京 新宿区" within:15km	新宿から半径15km内で送信されたツイート
since:2016-01-01	2016年01月01日以降に送信されたツイート
until:2016-01-01	2016年01月01日以前に送信されたツイート
filter:links	リンクを含むツイート
filter:images	画像を含むツイート
min_retweets:100	リツイートが100以上のツイート
min_faves:100	お気に入りが100以上のツイート

section 02 083

Twitterで苦手な話題が目に入らないようにする

見たくない内容は「ミュート」しよう

Twitterを使っていると、拡散されたデマツイートが延々とタイムラインに流れたり、知りたくなかったドラマのネタバレ実況が流れたりと、見たくもないツイートを見てしまうことがあります。そんな時に便利なのが「ミュート」機能。見たくない単語やフレーズを登録しておけば、自分のタイムラインに表示されなくなり、プッシュ通知なども届かなくなるのです。ミュートするキーワードには大文字小文字の区別がなく、例えば「CATS」を追加すれば「cats」もミュートされます。また、キーワードをミュートすると、そのキーワード自体とそのキーワードのハッシュタグの両方がミュートされます。例えば「拡散希望」を追加すれば、ハッシュタグ「#拡散希望」もミュートされます。

1 キーワードをミュートする

「設定とプライバシー」→「プライバシーとセキュリティ」→「ミュート中」→「ミュートするキーワード」をタップし、「追加する」でタイムラインに表示させたくないキーワードを追加しておこう。

Twitterで知り合いに発見されないようにする

アカウント名やツイート内容にも注意

Twitterは匿名だからこそ自由につぶやける気軽さがあります。別に変なことを書いていなくても、自分のツイートをリアルの友人知人に見られたくない人は多いでしょう。Twitterアカウントの身バレを防ぐためにもっとも重要なのは、Twitterにメールアドレスと電話番号の照合を許可しないことです。この設定がオンだと、友人知人に「おすすめユーザー」として紹介されてしまいます。また、他のSNSと共通のアカウント名を使うのも危険。そのアカウント名で検索すればTwitterアカウントも発見されてしまいます。あとは、身の回りの出来事や近所の情報をつぶやいて、身元を特定されるのもありがちなミスです。あまり気にしすぎるとTwitterを使わなければいいという話になってしまいますが、つぶやく内容には十分気をつけましょう。

1 Twitterの設定を開く

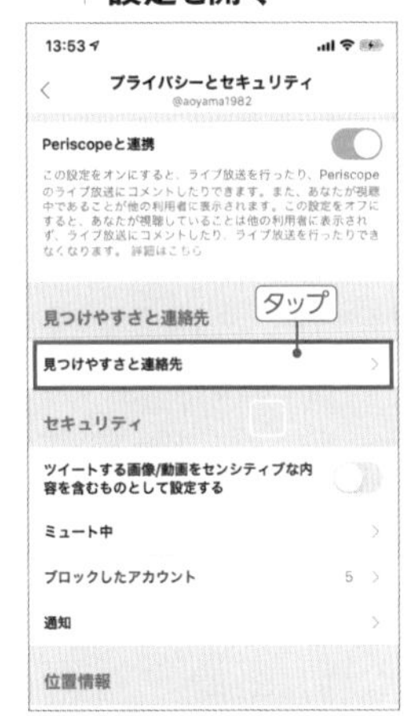

Twitterの「設定とプライバシー」→「プライバシーとセキュリティ」→「見つけやすさと連絡先」をタップする。

2 メールや電話番号の照合をオフ

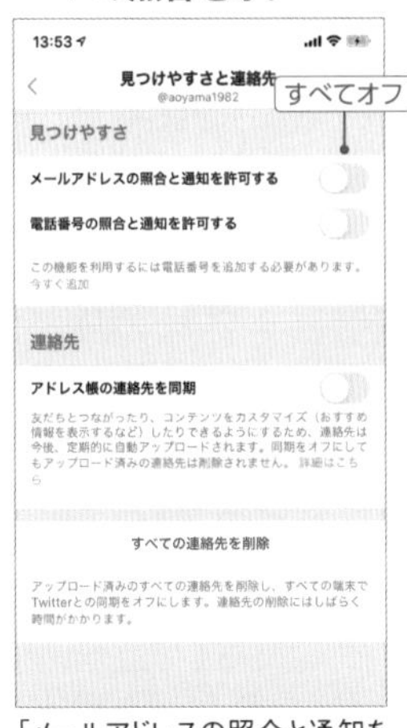

「メールアドレスの照合と通知を許可する」「電話番号の照合と通知を許可する」「アドレス帳の連絡先を同期」をオフ。

3 アカウント名やツイートにも注意

他のSNSと共通のアカウント名は使わないこと。身バレにつながりそうな、個人的な出来事をつぶやくのもやめておこう。

section 02

085

SNSでのアカウント名使い回しは慎重に

危険なのはパスワードだけじゃない

数百万、数千万件の個人情報流出事件が起きるたびに、パスワードを使い回すことがいかに危険か、ニュースなどで大々的に報じられます。こう何度も注意されると、流石にパスワード管理には気を付けている人は増えているはず。でも、しっかりパスワードは変えているから、IDはいつもの名前でいいや、なんて気軽に付けていませんか？　特徴的な名前で覚えやすい、なんて満足してませんか？　ハッキリ言って、それは大間違いです。実はIDを使いまわしている方が、はるかに危険なことなのです。サービスや企業から流出しない限り、自分のパスワードがネット上に公開されることはありません。これに対してIDの方は、さまざまな場所で公開されています。試しに、自分のメールアドレスやLINE IDで検索してみてください。自分のツイートがヒットしませんか？　Facebookのプロフィールが表示されませんか？あるいは、オークションの落札結果や、掲示板の書き込み履歴が、検索結果に現れるかもしれません。このように、IDを使い回す行為は、複数のサービスの利用を容易に結びつけるのです。2つのサービスで同じようなIDが使われていて、どちらも同じ写真が投稿されている。同じ日に同じ場所に行ったと報告がある。このような状況証拠から、あるアカウントとあるアカウントが同一人物だと分かってしまったら、あとは芋づる式です。2つのサービスの情報を照らし合わせれば、個人情報を特定するヒントはいくらでも転がっています。何かの発言や行動で炎上した人が、あっという間に身元を特定されてしまうのも、IDの流用が原因である事が多いです。あなたが職場には隠し通しているはずの趣味のアカウントだって、実は周りにあっさりバレているかもしれません。そんな危険を犯したくなければ、IDはしっかりと使い分けましょう。

section 03

写真・音楽・動画を楽しむ便利技

写真をもっときれいに撮影するちょっとした手動操作

ピントと露出の手動調整方法を知っておこう

焦点距離や絞りといった用語が何を指すのか全く分からない素人でも、iPhoneのカメラで撮影すると、なんだかいい感じの素敵な写真に仕上がりますよね？　iPhoneのカメラは非常に優秀ですから、特に何もしなくても、オートフォーカスでピントを合わせて露出を自動調整してくれて、その一瞬に最適な設定で写真を撮影してくれるのです。自分で必要なのは、シャッターボタンをタップするという操作だけ。特に最近のiPhoneであれば、一眼レフなんて触ったことがなくても、背景をぼかしたプロっぽい写真まで、簡単に撮影できてしまいます。ただ、あえて手前ではなく奥にピントを合わせたり、画面を明るく／暗くしたり、少し画面に変化を付けて撮影したい場合もあるでしょう。そんな時は、手動で設定を変更して撮影することもできるので覚えておきましょう。まず、奥の被写体をメインに撮影したい場合は、画面内でその部分を一度タップしてみましょう。すると、黄色い枠が表示され、タップした部分にピントと露出が合うはずです。また、ピントを合わせた部分が明るいと暗い画面に、暗いと明るい画面に自動的に露出が調整されてしまいます。この露出を自分で調整したい時は、画面をタップしたままで、指を上下に動かしてみましょう。太陽マークが上下に動き、手動で画面を明るく／暗く調整できます。さらに、画面内をタップして、そのまましばらくタップし続けていると、上部に「AE／AFロック」と表示されて、タップし続けた部分にピントと露出が固定されます。この状態でカメラを動かしても、ピントと露出は固定した位置から変わりません。画面内をもう一度タップすれば、AE／AFロックは解除されます。これらの手動調整テクニックを使えば、逆光で撮影したい時なども、意図した通りの画面でうまく撮影することができるようになります。

意図的に画面の奥にピントを合わせたい時は、その部分をタップしよう。また画面が暗くなったら、タップしたままで指を上にスライドさせると、露出が変わって画面を明るくできる。画面内をロングタップすると、上部に「AE/AFロック」と表示され、その位置でピントと露出が固定される。

目当ての写真をピンポイントで探し出す検索方法

「ラーメン」や「海」の写真を探し出せる

iPhoneでいつか撮ったあの写真を友達に見せたい！ という時、どうしてますか？ 日付だけを頼りに、せっせとカメラロールをスクロールして探してませんか? 写真アプリにはもっと簡単に、ピンポイントで目的の写真を探し出す機能があるのです。例えば、「横浜のお店で食べた中華料理が絶品だったからぜひ見せてあげたい」場合。写真アプリの「検索」画面を開いて、まず「中華料理」で検索してください。中華料理の写真がズラッと表示されます。続けて検索欄に「横浜市」を追加します。中華料理の写真のうち、横浜で撮影された写真だけが一覧表示されます。このように、写真アプリは写真に何が写っているかを解析して、自動で分類してくれているので、「食べ物」「花」「犬」「ラーメン」「海」などの一般的なキーワードで検索でき、また複数キーワードで絞り込むこともできるのです。ただし、写真の解析結果は決して完璧ではなく、「食事」カテゴリに風景写真が紛れていたりします。キーワードだけではうまくヒットしない写真もありますが、一枚一枚確認するよりも断然早いのは確かなので、ぜひ「検索」機能を活用しましょう。

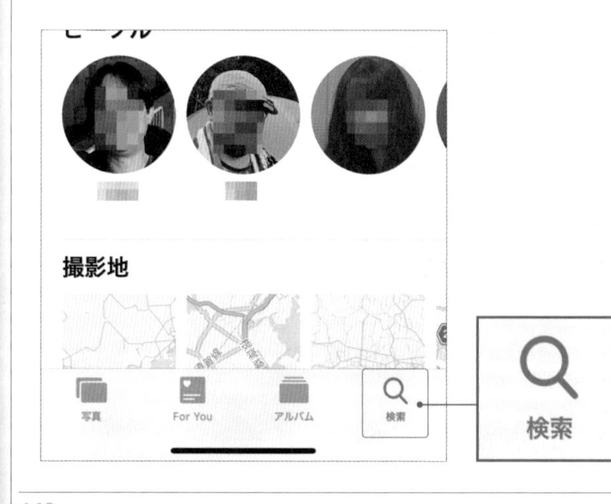

まずは写真アプリの下部メニューから、「検索」画面を開こう。この画面ではキーワード検索ができるほか、「ピープル」「撮影地」「カテゴリ」などで写真を探すこともできる。

写真をキーワードで検索する

1 キーワードで検索する

まずは検索欄にキーワードを入力しよう。ここでは「中華料理」を入力すると、検索結果のカテゴリが表示されるのでこれをタップ。

2 検索キーワードを追加する

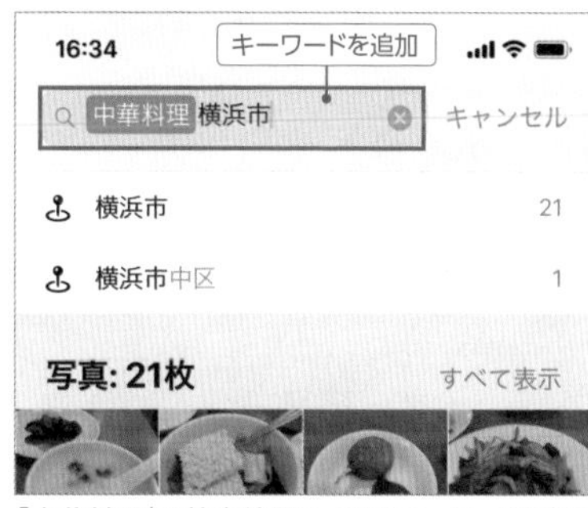

「中華料理」の検索結果に、さらにキーワードを追加できる。ここでは「横浜市」を入力し、検索結果を絞り込もう。

3 検索結果の写真が一覧表示される

「すべて表示」をタップすると、「中華料理」と「横浜市」で自動分類された写真だけが表示される。

使いこなしヒント

「アルバム」画面でピープルや撮影地から探す

探したい写真が人物写真だったり、撮影場所が分かっている場合は、「アルバム」画面から探すのが早い。「ピープル」ではよく写っている人物が表示され、選択した人物が写る写真だけを抽出できる。「撮影地」ではマップ上で撮影場所を選び、その場所で撮った写真だけを表示できる。

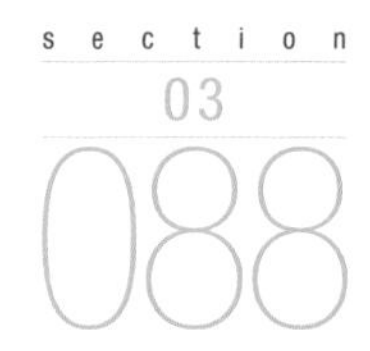

はじめからスクエアモードでカメラを起動するには?

カメラモードの設定を保持しよう

iPhoneのカメラアプリにはさまざまな撮影モードが用意されていますが、ちょっとオシャレな写真を撮影したいなら、正方形の「スクエア」モードがおすすめです。主役をはっきりさせた構図で撮影できるので、Instagramなどでもよく投稿されている、定番の撮影モードです。ただ、標準設定のままだと、カメラアプリを起動するたびに「写真」モードに戻るので、いちいち「スクエア」に切り替えるのが面倒。そんな時は、「設定」→「カメラ」→「設定を保持」で、「カメラモード」をオンにしておきましょう。最後に使ったモードでカメラが起動するようになります。なおiPhone 11シリーズの場合は、「スクエア」がカメラモードではなく縦横比の設定に変更されたので、「クリエイティブコントロール」の方をオンにしておきましょう。

最後に使ったモードでカメラを起動する

「設定」→「カメラ」→「設定を保持」で、「カメラモード」または「クリエイティブコントロール」をオンにしておけば、「ビデオ」や「スクエア」など、最後に使った撮影モードで、カメラが起動するようになる。

画質が劣化しない倍率は「0.5倍」と「2倍」だけ

デュアル・トリプルカメラだけの機能

iPhoneのカメラでは、画面内をピンチ操作すると拡大・縮小して撮影できますが、倍率を変更すると基本的に画質も劣化します。ところが、ある一定の条件が揃った時だけ、画質を劣化させずに、ズーム撮影ができるのです。その条件とは、「デュアルまたはトリプルカメラ搭載機種」で、「そのレンズの倍率に切り替えて撮影」した時だけ。例えばiPhone XSは、標準の広角レンズと望遠レンズ（2x）を備えたデュアルレンズ構成なので、望遠レンズを使った「2倍」撮影時のみ、画質が劣化しない光学2倍ズームで撮影できます。iPhone 11は広角レンズと超広角レンズ（0.5x）の構成なので、超広角レンズを使った「0.5倍」撮影時なら画質劣化なし。iPhone 11 Proは広角レンズと超広角レンズ（0.5x）、望遠レンズ（2x）を備えたトリプルカメラ構成なので、超広角レンズを使った「0.5倍」と、望遠レンズを使った「2倍」撮影時は画質が劣化しません。

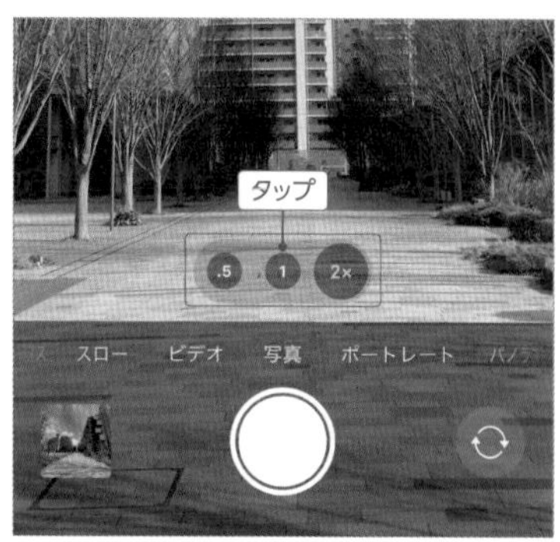

デュアル・トリプルカメラ搭載機種は、カメラアプリの画面下部に「.5」「1x」「2」ボタンが表示される。「.5」をタップすれば超広角レンズを使い、「2」をタップすれば望遠レンズを使って撮影され、画質が劣化しない。劣化しないのは0.5倍や2倍ちょうどだけで、「0.6」や「2.1」倍で撮影すると画質は劣化するので気をつけよう。

写真の構図を後から変更する

見切れた人もフレーム内に戻せる

超広角カメラを搭載したiPhone 11シリーズのみの機能になりますが、集合写真で端の人が見切れた場合や、写真が傾いてしまった時でも、後から見切れた人をフレーム内に戻したり、傾きを無劣化で修正できます。写真を撮影する時に、同時に超広角カメラで撮影したより広い範囲のデータも保存しておき、編集する際に、超広角カメラのフレーム外の撮影データを利用できるのです。この機能を使うには、まずカメラの設定で「写真のフレームの外側を含めて撮影」がオンになっており、フォーマットも「高効率」にしておく必要があります。また、フレーム外の撮影に一番広角側（0.5x）を使うので、あとから構図を変更できるのは、0.6倍以上で撮影した写真に限られます。

フレーム外も撮影するように設定する

1 フレームの外側も含めて撮影をオン

「設定」→「カメラ」→「写真のフレームの外側を含めて撮影」をオンにしておくと、超広角カメラでフレーム外の写真も残される。

2 フォーマットを高効率にしておく

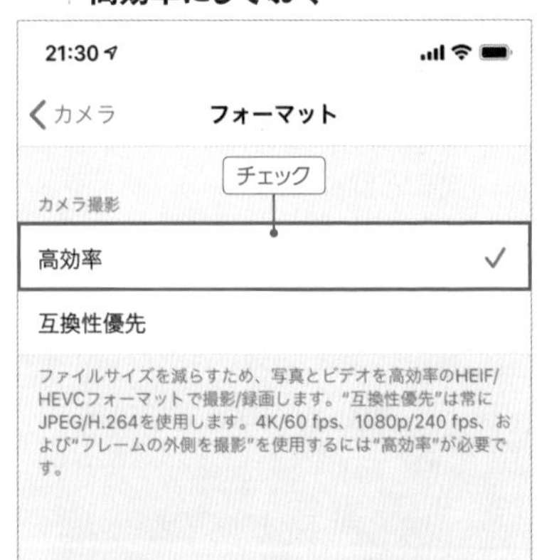

またフレームの外側も含めて撮影するには、「設定」→「カメラ」→「フォーマット」が「高効率」になっている必要がある。

フレーム外のデータを使って編集する

1 フレーム外も撮影された写真の確認

「写真」アプリで撮影した写真を見てみよう。フレーム外も含めて撮影された写真には、右上に「四角に星」アイコンが表示される。

2 フレーム外を使って自動修正された写真

フレーム外も含めて撮影されており、さらにiPhoneが自動で傾きなどを修正した写真には、「四角に星」アイコンに「自動」と表示される。

3 無劣化で写真の構図を変更できる

右上の「編集」をタップし、「トリミングと傾き」画面で傾きなどを修正してみよう。フレームの外側の領域を編集に利用して、好きな構図で保存できる。

フレーム外のデータは30日で削除される

「写真のフレームの外側を含めて撮影」をオンにして撮影すると、写真のファイルサイズは増えてしまうが、フレーム外の領域は編集に使わなければ30日で自動的に削除される。iPhoneのストレージを圧迫しないので、普段からオンのまま撮影しても問題はない。

section 03

091 被写体をきっちり真上から撮影したいときは

グリッド表示で傾きを確認しよう

真上から写真を撮ったつもりなのに、撮影した写真を見ると微妙に傾いていて安定感がない……といった経験はないでしょうか。そんな時は、「設定」→「カメラ」→「グリッド」をオンにしてみましょう。グリッドを有効にしてカメラを起動すると、縦横の線で画面を9分割して表示され、被写体の水平と垂直に気を付けつつ撮影できます。実はもう一つ、グリッドは水準器としての機能も備えているのです。カメラを真下に向けると、白と黄色の十字キーが表示されるはずです。この2個の十字キーを重ね合わせた状態で撮影すると、ちょうど真上から綺麗に撮影できます。グリッドがあると画面内の構図も決めやすくなるので、普段から表示させておいた方がいいでしょう。

1 グリッドをオンにする

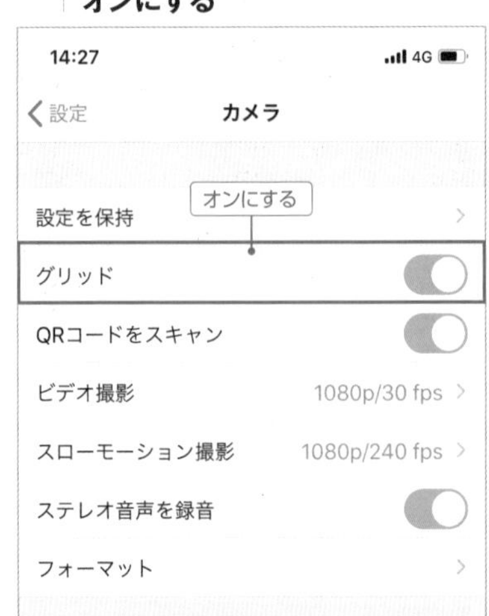

真上から正確に写真を撮影したいなら、まずは「設定」→「カメラ」→「グリッド」のスイッチをオンにしておこう。

2 画面が9分割される

カメラアプリを起動すると、このように縦横の線が表示されて画面内が9分割され、構図を決めやすくなる。この線が写真に写ることはない。

カメラを下に向けると2つの十字マークが表示され、この2つを重ねると真上から撮影できる
.5
1×
2
スロー
ビデオ
写真
ポートレート

シャッター音を鳴らさず写真を撮影する

無音カメラアプリを使おう

日本版のiPhoneは、標準カメラのシャッター音を消せない仕様になっています。サイレントモードにしていてもどれだけ音量を小さくしても、必ず一定の音量で「カシャッ」と鳴るのです。盗撮防止という事情があるのは分かりますが、困るのが静かな場所での撮影。撮影可能な美術館や高級レストランなどで、あの大きなシャッター音が鳴り響くと、撮影に躊躇してしまいます。このような静かな場所での撮影には、無音で写真を撮影できるカメラアプリを使いましょう。アプリによって操作が異なりますが、サイレントモードにしていると無音で撮影できたり、設定でシャッター音をオフにすることができます。

シャッター音を消せる無音カメラ

OneCam
作者 Walker Software
価格 250円

無音カメラでおすすめなのが「OneCam」。本体側面のサイレントスイッチをオンにし、本体左側面のスイッチでサイレントモードにしておけば、シャッター音が鳴らず無音で撮影できる。画質も最大4032×3024まで対応。

写真を簡単に正方形に切り取る方法

縦横比を固定してトリミング

正方形サイズの写真は、主役を目立たせた構図がバシッと決まるので、Instagramなど SNSの投稿写真としても多用されています。iPhoneでは最初から「スクエア」モードで正方形の写真を撮影できますが、普通に撮影した写真を、後から正方形サイズに加工したい事もあります。むしろ、最初から構図にこだわってスクエアモードで撮影するよりも、編集で写真の最適な場所を正方形に切り取った方が、オシャレな構図に仕上がることも多いです。まずは、写真アプリで加工したい写真を開き、右上の「編集」をタップ。編集モードで下部のトリミングと傾きボタンをタップし、右上に表示されるアスペクト比固定ボタンをタップしましょう。ここで「スクエア」を選択すれば、正方形のアスペクト比で固定したまま、写真のトリミング範囲を指定できます。トリミング範囲を指定したら、最後に右下のチェックボタンをタップすれば、切り抜き保存できます。

1 トリミング比率をスクエアに設定

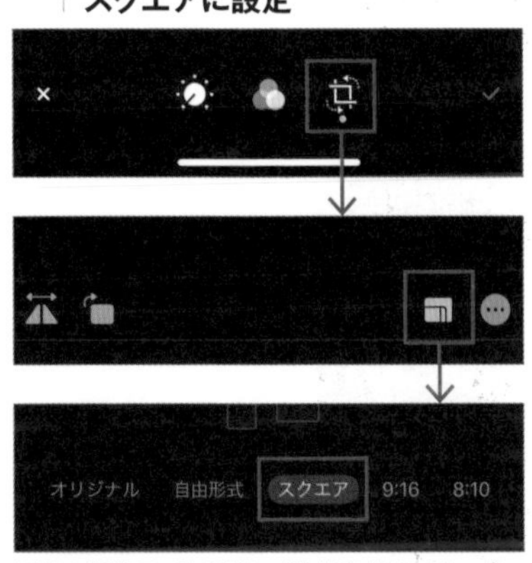

写真の編集モードでトリミングと傾きボタンをタップし、右上のアスペクト比固定ボタンをタップ。「スクエア」を選択する。

2 正方形サイズで写真を切り抜く

正方形サイズで縦横比を固定したまま、トリミング範囲を指定できる。右下のチェックボタンをタップして切り抜き保存する。

写真のボケ具合を後から イイ感じに調整する

写真アプリで自在に調整可能

iPhone X以降とiPhone 7 Plus／8 Plusのカメラで使える、「ポートレート」モード。このモードで撮影すると、一眼レフで背景をボカしたようなカッコいい写真になるので、突然自分の腕が上がったようないい気分になれます。ちょっとボケ感が足りないとか、照明の当たり具合がイマイチという仕上がりになっても、何ら問題はありません。写真アプリを使えば、後からいくらでも自由に調整できてしまうのです。写真アプリを起動したら、まず「アルバム」画面を開いて、「ポートレート」をタップしましょう。ポートレートモードで撮影した写真が一覧表示されるので、写真を選択して、右上の「編集」ボタンをタップします。すると画面内に、照明エフェクトを変更したり、被写界深度（ボケの強さ）を自由に変更するバーが表示されます。被写界深度は、数値が小さいほど背景のボケが強く、数値が大きいと背景のボケが弱くなります。心ゆくまでイイ感じに調整して、最高の一枚に仕上げてください。

元の写真に戻したい時は

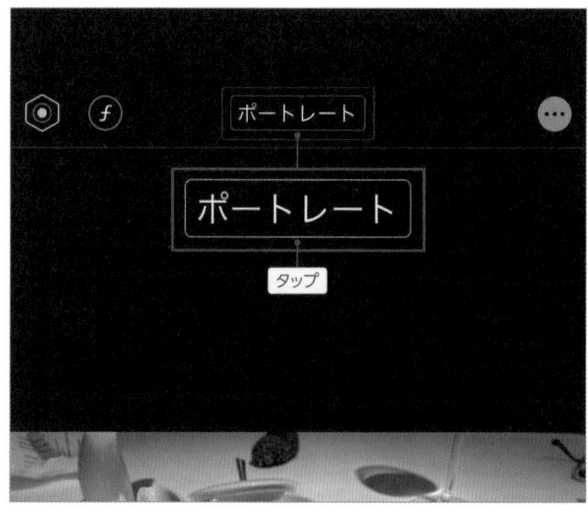

背景をぼかしたことで、かえって不自然な写真になった時は、ポートレートモードを解除しよう。写真アプリでポートレート写真を編集モードにし、上部の「ポートレート」ボタンをタップすれば、背景のボケが解除される。そのまま、右下のチェックボタンをタップして保存すればよい。

写真内の照明ボタンをタップして、左右にドラッグすると、照明エフェクトを変更できる。また上部の「f」ボタンをタップすると被写界深度のスライダーに切り替わり、背景のボケ具合を調整できる。数値が小さいほど、背景のボケは強くなる。

削除した写真も30日間はいつでも復元できる

うっかり消した写真を取り戻そう

iPhoneで撮影したはずの写真が見当たらない、もしかしたら間違えて削除したのかも……という時は、とりあえず写真アプリの「アルバム」画面で「最近削除した項目」を開いてみましょう。このアルバムでは、削除した写真が30日間（最大で40日になることもあります）、一時的に保存されているのです。各写真には、完全に削除されるまでの残り日数が表示されています。運良く目的の写真がまだ残っていたら、画面右上の「選択」をタップして写真を選択し、右下の「復元」→「写真を復元」で復元しましょう。なお、写真を選択して左下の「削除」をタップすると、その写真を完全に削除することもできます。iPhoneのストレージ容量が足りない時は、「選択」→「すべて削除」で、不要な写真をすべて完全に削除すれば、いくらか空き容量を増やせます。

1 「最近削除した項目」をタップする

誤って削除した写真を復元するには、まず写真アプリの「アルバム」→「最近削除した項目」をタップする。

2 最近削除した写真が一覧表示される

最近削除した写真が一覧表示される。この画面から完全に消えるまでの残り日数は、各写真に表示されている。

3 誤って消した写真を選択して復元

誤って削除した写真が残っていれば、「選択」でその写真を選択し、「復元」をタップして「最近の項目」に復元させよう。

section 03

096

複数枚の写真は指でなぞって一気に選択

ひとつずつタップしなくていいんです

写真アプリでいらない写真を整理する時に、1枚ずつタップして選んでいないでしょうか。そんな面倒なことをしなくても、もっとスマートな選択方法が用意されています。「写真」画面などで右上の「選択」をタップしたら、まず写真を1枚タップして選択しましょう。そのまま指を離さず横になぞっていけば、なぞった範囲の写真がすべて選択状態になるのです。さらに多くの写真をまとめて選択したい時は、横になぞった後に、指を離さないまま上か下に動かしてみましょう。動かした行の写真がすべて選択状態になるはずです。まとめて選択したあとに、選択を解除したい写真があるなら、個別にタップすることでチェックを外せます。大量の写真を操作するのに必須と言えるテクなので、ぜひ覚えておきましょう。

右上の「選択」をタップし、写真を一つ選んだら、指を離さずそのまま横と上下に写真をなぞっていこう。なぞった範囲の写真がすべて選択状態になる。

iCloud写真とマイフォトストリームの違いを理解する

似ているようで全然違う2つの機能

iPhoneで撮影した写真やビデオは、iCloudで同期しておけば、iPhoneを初期化したり機種変更した際も、以前撮りためた写真を元通り復元して見ることができます。iCloudで同期する方法としては、「iCloud写真」と「マイフォトストリーム」という2つの方法が用意されています。「iCloud写真」は、すべての写真やビデオをiCloudに保存する機能です。写真を撮り続けるとiCloudの容量も消費していきます。これに対し「マイフォトストリーム」は、iCloudの容量を使わずに写真をクラウド保存できる機能です。その代わり、保存期間は30日まで、最大1,000枚まで、ビデオのアップロードもできない制限があります。つまりマイフォトストリームは、写真を一時的にiCloud上に格納するだけの機能なので、昔の写真を残しておきたいなら「iCloud写真」の方を有効にしましょう。なお、iCloud写真の利用にはいくつか注意が必要です。まず、iCloudの容量を消費するので、無料の5GBではすぐに不足します。iCloudの容量を追加購入（50GB／月額130円〜）して利用するのが基本です。またiCloud写真は、バックアップではなく「同期」する機能です。iPhoneの空き容量が不足したからといって、iPhone側で写真を削除すると、iCloud上の写真も削除されてしまいます。同じApple IDでサインインしたiPadや、iCloud.com上で写真を削除した際も、iPhoneから写真が消えます。iPhoneの空き容量が足りない時は、設定で「iPhoneのストレージを最適化」を有効にしておきましょう。iPhoneの空き容量が少なくなると、iPhone内の写真が自動的に縮小版に置き換わり、フル解像度のオリジナル写真はiCloud上に残るようになります。共有メニューでメールなどに添付する際は、iCloudからオリジナル版がダウンロードされます。

「iCloud写真」と「マイフォトストリーム」の違い

iCloud写真	マイフォトストリーム
iPhoneで撮影した写真やビデオをiCloudに保存する	iPhoneで撮影した写真やビデオをiCloudに保存する
保存期限や枚数の制限はない	保存期間は30日まで、最大1,000枚まで、ビデオのアップロードもできない
iCloudの容量を消費するので無料の5GBでは足りず、iCloud容量の追加購入が必要	iCloudの容量を消費しないので維持費がかからない

各機能の設定ポイント

1 それぞれの機能を有効にする

「設定」→「写真」で、「iCloud写真」や「マイフォトストリーム」をオンにすると、それぞれの機能が有効になる。両方をオンにすることもできる。

2 iPhoneのストレージ容量を節約する

「iCloud写真」がオンの時は、フル解像度の写真をiCloudとiPhoneの両方に残すか、iPhoneの容量が少ない時にiPhone側には縮小版を残して容量を節約するかを選べる。

3 iCloudの容量を追加購入する

「iCloud写真」を使う時は、無料の5GBだとまず足りない。設定一番上のApple IDをタップし、「iCloud」→「ストレージを管理」→「ストレージプランを変更」で容量を増やそう。

写真の位置情報は記録する?それとも記録しない?

主要なSNSは位置情報を自動で消してくれる

iPhoneのカメラで位置情報の利用を許可していると、撮影した写真には、位置情報が記録されます。写真アプリで写真を開くと、上部に「千代田区」などと表示され、撮影した場所が記録されていることが分かります。「撮影地」アルバムで、マップ上から写真を探すことも可能です。このように、どこで撮影した写真かすぐに思い出せて便利な機能なのですが、プライバシー面を考えると、なかなか危ない情報です。位置情報付きの写真をネットでうっかり公開してしまったばかりに、自宅がバレてトラブルに巻き込まれたり、居場所の嘘がバレて気まずい思いをしたり。特に女性は気を付けるべきでしょう。でも安心してください。LINE、Twitter、Facebook、Instagramなどの主要なSNSサービスでは、投稿された写真の位置情報が自動で削除されるようになっています。これらの写真から、現在地や自宅がバレることはありません。ただし、SNSへの投稿時にあえて位置情報を追加することはできますし、メールなどで送った写真からは位置情報が消えません。不安なら、最初から写真に位置情報を記録しない設定に変更しておきましょう。なお、すでに位置情報が記録されてしまっている写真から位置情報を消すこともできますが、iPhone単体の機能では行えません。「Photo Secure」などのアプリを使えば、写真に記録された位置情報を削除可能です。

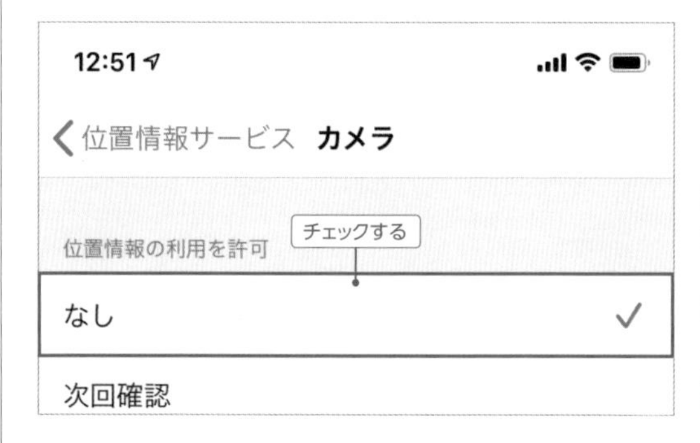

写真に位置情報を記録しないようにするには

「設定」→「プライバシー」→「位置情報サービス」で「カメラ」を選択し、「なし」にチェックしておけば、撮影した写真に位置情報が記録されなくなる。

メールやメッセージで送った写真の位置情報は消えない

メールやメッセージアプリで送受信した写真は位置情報が消えない。写真が添付されていた場合は、端末内に保存してみよう。

写真アプリで保存した写真を開き、画面を上にスワイプすると、撮影地を確認できてしまうので気を付けよう。

TwitterやFacebookやLINEに投稿した写真の位置情報は消える

TwitterやFacebook、LINEなどの、主要なSNSやブログに写真を投稿する場合は、安心していい。各サービス側で自動的に位置情報を消去してくれる。

Twitterなどに投稿された写真を端末内に保存しても、このように撮影地が表示されることはない。

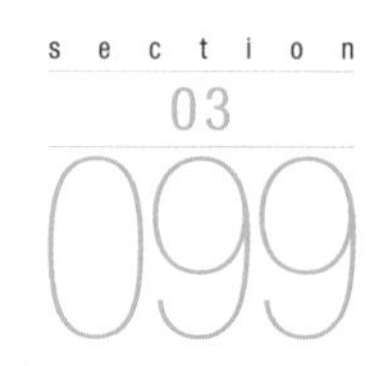

いまさら聞けない Apple Musicの使い方

音楽好きなら月額980円でも絶対お得

世界中の6,000万曲が聴き放題になる、定額制音楽ストリーミング配信サービス「Apple Music」。新人アーティストの最新曲から過去の定番曲まで、あらゆる楽曲をiPhoneやiPad、パソコンで楽しめます。メンバーシップは3種類あり(下記参照)、もっとも一般的な個人メンバーシップの場合は月額980円です。CDアルバムを1年で4枚以上購入する人であれば、もとが取れる価格と言えます。また、初回登録時のみ、3ヶ月の無料トライアル期間が利用できるので、自分の好きなアーティストや曲が登録されているかをチェックしておきましょう(邦楽の人気曲が登録されていないことも多いので)。iPhoneでApple Musicを利用する場合は、ミュージックアプリを使います。まずは「検索」で好きな曲があるか探してみましょう。曲名をタップすれば再生開始。基本的にはストリーミングで再生されますが、ライブラリに追加してダウンロードしておくことも可能です。そのほかにも、ユーザーの好きそうな曲を提案してくれる「For You」や、最新の注目曲やランキングをチェックできる「見つける」も活用してみましょう。なお、勘違いしやすいのですが、Apple Musicを登録してもiTunes Storeで販売されている楽曲が聴き放題になるわけではありません。iTunes StoreとApple Musicでは取り扱っている楽曲が異なります。

Apple Musicのメンバーシップと料金

メンバーシップ	月額料金	概要
個人メンバーシップ	980円	個人でApple Musicを楽しむためのプラン。
ファミリーメンバーシップ	1,480円	最大6人までの家族がApple Musicに制限なくアクセスできるプラン。あらかじめファミリー共有機能でファミリーメンバーを登録しておく必要がある。
学生メンバーシップ	480円	学位を授与する総合大学や単科大学に在籍する学生向けのプラン。中高生では利用できない。最大で48カ月間登録可能。UNiDAYSの学生証明サービスを介して在学証明を行う。

それぞれのメンバーシップで料金が異なるが、Apple Music内で聴ける曲数やアクセスできる機能に違いはない。

Apple Musicに登録すれば、ミュージックアプリの「For You」や「見つける」機能が利用できる

同じApple IDでサインインしていれば、iPhoneでもiPadでもApple Musicを利用できる。ただし、複数の端末でApple Musicの曲を同時に再生することはできない。同時に再生するには、ファミリープランへの加入が必要だ。

Apple Musicに登録してみよう

1 Apple Musicに登録をタップ

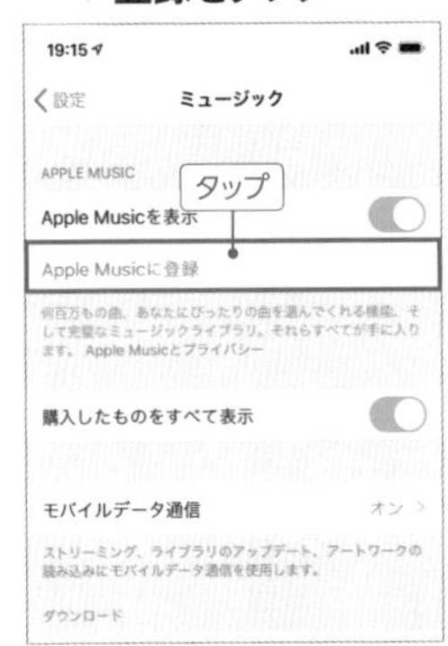

Apple Musicは、初回の3ヶ月間のみ無料で試すことが可能だ。登録するには、「設定」→「ミュージック」→「Apple Musicに登録」をタップする。

2 メンバーシップを選択する

ミュージックアプリが起動したら「無料で始めよう」をタップ。登録するメンバーシップを選び、「トライアルを開始」をタップして手続きを進めていこう。

使いこなしヒント

無料期間終了後の自動更新をキャンセルする

Apple Musicは、3カ月の無料トライアル期間が終了すると自動で課金が開始されてしまう。無料期間だけ使いたいという人は、ミュージックアプリの「For You」画面で上部の人型アイコンをタップ。「サブスクリプションの管理」→「サブスクリプションをキャンセルする」をタップしよう。キャンセルしても無料期間中は引き続きサービスを利用できる。

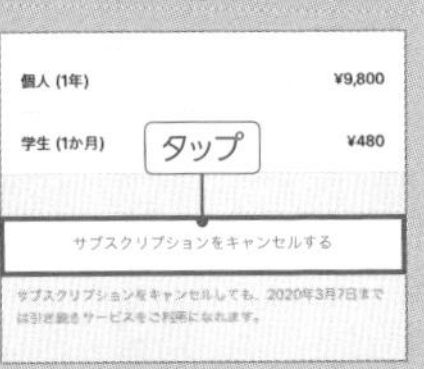

Apple Musicで曲を探して再生してみよう

1 聴きたい曲を検索で探そう

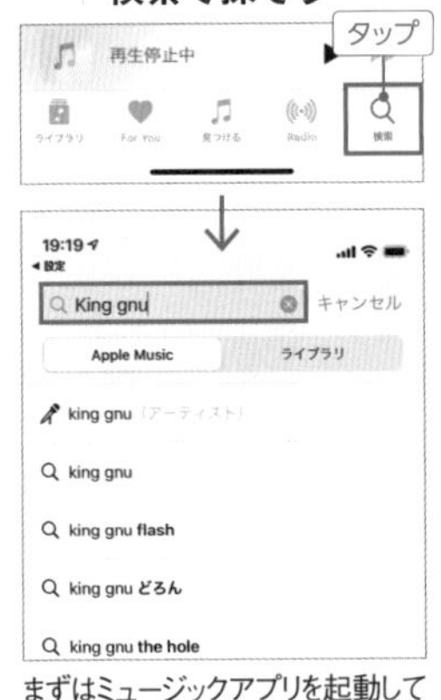

まずはミュージックアプリを起動して「検索」をタップ。聴きたい曲を検索で探してみよう。

2 タップですぐに再生される

アルバムや曲名をタップすれば、画面下にプレイヤーが表示され、ストリーミング再生が始まる。

3 歌詞表示にも対応している

歌詞表示に対応している曲であれば、プレイヤーから歌詞をチェックすることが可能だ。

Apple Musicなら自分の好きな曲や注目曲を見つけやすい

自分好みの曲を提案してくれる「For You」機能

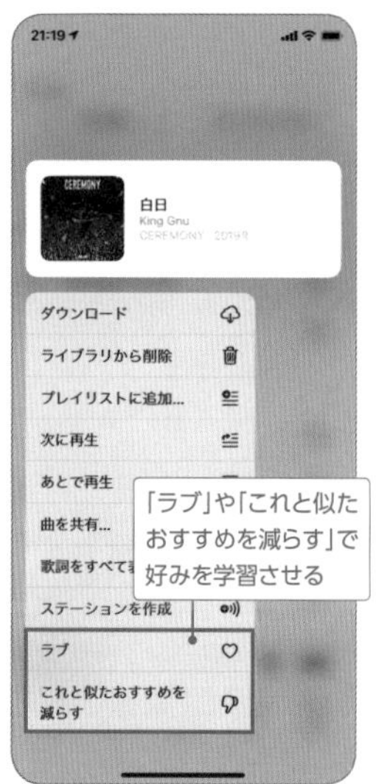

「For You」では、ユーザーの好みに合わせて選ばれた曲が提案される。アルバムや曲をロングタップし、「ラブ」で好みの曲を、「これと似たおすすめを減らす」で好みじゃない曲を学習させていこう。

音楽の旬がわかる「見つける」機能

「見付ける」では、注目アーティストの最新曲、国内外の最新ランキングなどをチェックできる。

気に入った曲はライブラリに追加&ダウンロードしよう

ライブラリに追加した曲を聴く

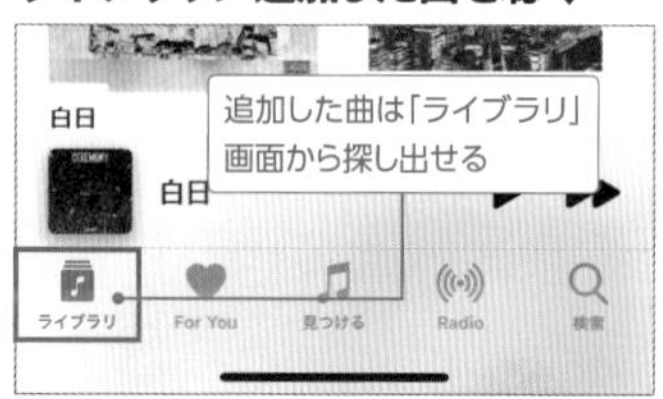

「＋」ボタンをタップすれば、曲やアルバムをライブラリに追加できる。「自動ダウンロード」が有効なら、同時にダウンロードされるので、オフラインでも聴くことが可能だ。なお、Apple Musicの曲をライブラリに追加するには、「ライブラリを同期」を有効にする必要がある。

section 03

100

iCloudミュージックライブラリでできること

音楽をすべてのデバイスで同期できる

Apple Musicに登録していると、楽曲の同期機能である「iCloudミュージックライブラリ」が使えるようになります。これを使えば、iPhoneやパソコンのiTunesで管理しているすべての楽曲やプレイリストを、iCloud経由で同期することが可能です。たとえば、音楽CDをパソコンのiTunesに取り込んだとします。その楽曲をiPhoneで聴きたい場合、従来だとパソコンとiPhoneを接続して同期する必要がありました。しかし、iCloudミュージックライブラリでは、iTunesで保存しているすべての楽曲およびプレイリストがiCloudに自動アップロードされ、ほかの端末でもストリーミング再生およびダウンロードができるようになります。しかも、本機能のアップロードでは個人のiCloudストレージ容量が一切消費されず、無制限に楽曲を同期可能です。ただし、Apple Musicを解約すると、iCloudの同期している曲が削除され、再生できなくなってしまうので注意。パソコンにある元の曲ファイルは消さないようにしておきましょう。また、Apple Musicの曲をライブラリに追加、端末内にダウンロードする場合も本機能が必要です。Apple Musicを快適に利用するのであれば、パソコンのiTunesおよびiPhoneの双方で設定をオンにしておきましょう。

パソコンのiTunesで設定を有効にしておこう

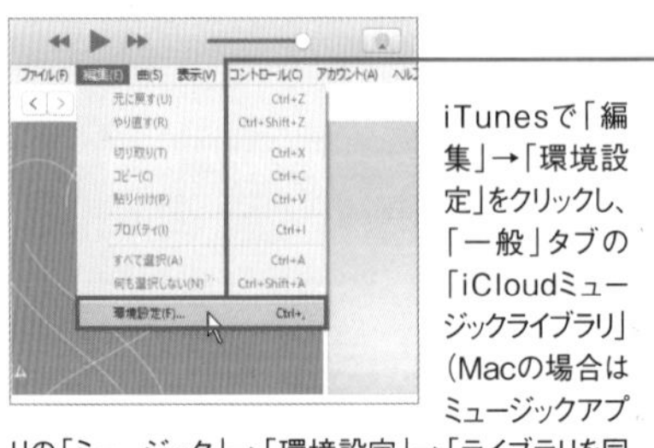

iTunesで「編集」→「環境設定」をクリックし、「一般」タブの「iCloudミュージックライブラリ」(Macの場合はミュージックアプリの「ミュージック」→「環境設定」→「ライブラリを同期」)をオンにすると、パソコンに保存されているライブラリがクラウド上にアップロードされる。

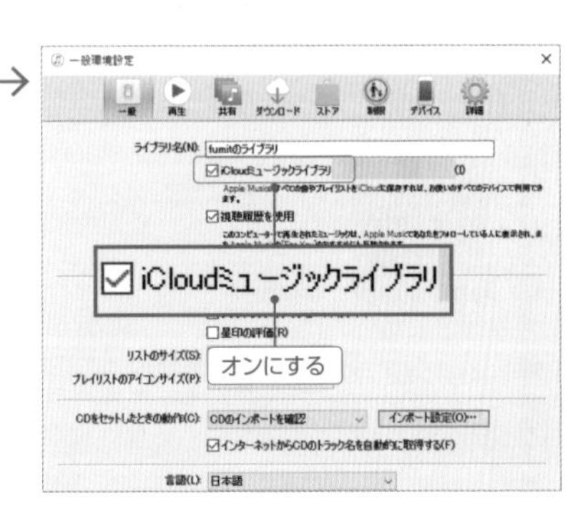

iPhoneでiCloudミュージックライブラリを使う

1 ライブラリを同期を有効にする

iPhone側の「設定」を開き、「ミュージック」→「ライブラリを同期」をオンにする。なお、Apple Musicが有効でないと本機能は使えない。

2 「ミュージックを残す」を選択する

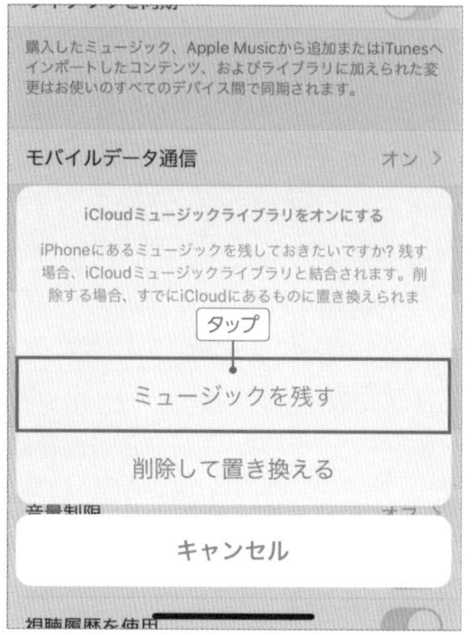

上の表示が出たら、「ミュージックを残す」をタップしよう。すると、iPhone内に保存されている曲もiCloudミュージックライブラリに統合できる。

あとはミュージックアプリを起動し、ライブラリ画面を表示しよう。iCloud経由で同期された楽曲が表示され、ストリーミング再生およびダウンロードできるようになる。パソコンのiTunesに取り込んだ曲ファイルをiPhoneで再生したり、プレイリストをすべての端末で同期したりが可能だ。

歌詞をタップして聴きたい箇所へジャンプする

Apple Musicの歌詞が登録された曲で可能

Apple Musicの曲には歌詞が登録されていますが、最近の曲であれば、再生に合わせて歌詞をハイライトしながら表示できます。下部のプレイヤーをタップして再生画面を開き、左下の吹き出しボタンをタップすれば、カラオケのように曲に合わせて歌詞が自動的にスクロールするのです。また歌詞のフレーズをタップすると、そのフレーズの位置にジャンプして再生が開始されるので、カラオケの繰り返し練習にもピッタリ。ただし、比較的古い曲は歌詞が自動スクロールせず、フレーズをタップしてジャンプすることもできません。歌詞の全文を表示したい時は、再生画面の「…」→「歌詞をすべて表示」をタップしましょう。

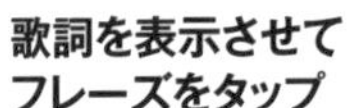

プレイヤー部をタップして再生画面を開き、左下の吹き出しボタンをタップ。カラオケのように、曲の再生に合わせて歌詞がハイライト表示される。

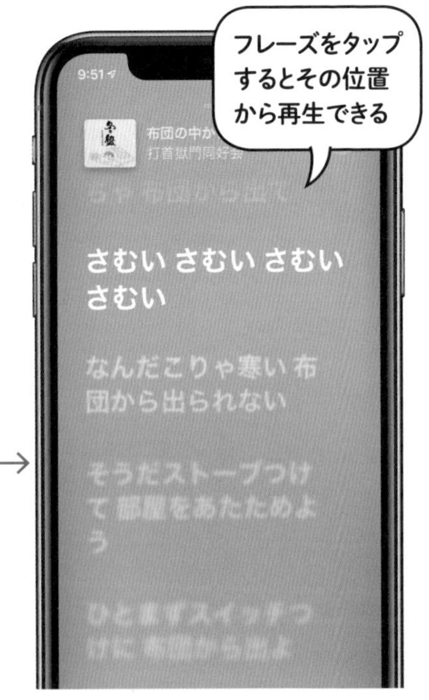

section 03 102

使わないならApple Musicのメニューは非表示に

ミュージックの「For You」「見つける」を無効化

Apple Musicに登録していない場合、ミュージックアプリの画面下にある「For You」や「見つける」の各メニューは利用することができません。Apple Musicを使わないのであれば、表示させておいても無駄なので、設定から「Apple Musicを表示」をオフにしておきましょう。すると、ミュージックアプリのメニューが「ライブラリ」、「Radio」、「検索」の3つだけになり、シンプルになって使いやすくなります。なお、Apple Musicを利用している状態でも、「Apple Musicを表示」をオフに切り替えることは可能です。オフにしてもApple Musicの楽曲にはアクセスできます。

1 「Apple Musicを表示」をオフにする

ミュージックアプリでApple Music用のメニューをオフにするには、「設定」→「ミュージック」→「Apple Musicを表示」をオフにする。

2 ミュージックアプリを確認しよう

ミュージックアプリを起動すると、画面下部のメニューから「For You」と「見つける」が削除される。Apple Musicを使わないのであれば設定しておこう。

section 03

103 新着ミュージックは水曜と金曜0時にチェックしよう

ページ更新は金曜、新曲は水曜リリースが多い

Apple MusicおよびiTunes Storeでは、毎日0時に新曲の追加および更新が行われています。追加された楽曲は、検索機能を使えば見つけることが可能です。音楽業界の慣例として、日本では水曜日に、海外では金曜日に新曲がリリースされることが多いので、いち早く新曲を聴きたいときは水曜もしくは金曜の0時以降に検索してみましょう。ただ、新曲がリリースされても、Apple Musicの「New Music Mix」やiTunes Storeの「新着ミュージック」などのページにはすぐ反映されません。これらのページの更新は、金曜日の0時に行われます。ですので、最新の音楽を聞き逃したくない人は、毎週水曜日と金曜日の週2回、Apple MusicおよびiTunes Storeをチェックするようにしておきましょう。

Apple Musicで利用できる「For You」の「New Music Mix」は金曜日に更新される。毎週チェックして、好きな新曲を見つけよう。

section 03

104

Apple Musicで歌詞のほんの一節から曲を探し出す

サビの歌詞しか知らない曲でもすぐに探せる

ミュージックアプリでApple Musicの検索を行う場合、アーティスト名や曲名だけでなく、歌詞からでも検索することができます。アーティスト名や曲名を忘れてしまっても、曲の歌い出しやサビなど歌詞の一部さえ覚えていれば、目的の曲を探し出すことが可能です。CMでちょっとだけ聴いた曲を歌詞から探すときにも便利ですね。検索対象は、楽曲やアルバム、プレイリストの3つ。同じような歌詞が使われている曲もヒットするので、実際に試してみると意外と面白いですよ。ただし、Apple Musicに登録されているすべての曲を歌詞検索できるわけではありません。検索対象は、楽曲に歌詞が登録されている一部の曲のみです。なお、iOSデバイスだけでなく、WindowsのiTunesやMacのミュージックも歌詞検索に対応しています。

ミュージックアプリを起動し「検索」をタップ。検索欄に歌詞を入力して検索を実行してみよう。検索結果に「歌詞:○○○○○○○」と表記されているものが、歌詞でヒットした楽曲だ。

section 03

105

ライブラリは割り切って「アーティスト」だけでもOK

使わない項目は消してスッキリさせよう

ミュージックアプリの「ライブラリ」画面では、「プレイリスト」や「アーティスト」、「アルバム」、「曲」、「ダウンロード済み」などの項目が表示されます。これらの項目は、画面右上の「編集」から、削除や追加、並べ替えが可能です。使いやすいようにカスタマイズしてみましょう。もし、聴きたい曲をアーティスト名から探すことが多い人は、表示する項目を「アーティスト」のみに絞ってしまうのもオススメです。大量の楽曲をライブラリに追加している場合、「アルバム」や「曲」で聴きたい曲を探すのはかなり非効率。結局「アーティスト」から探すのが一番わかりやすくて探しやすいのです。プレイリストを多用する人は「プレイリスト」項目も表示しておきましょう。

ライブラリの項目をアーティストのみにする

1 ライブラリの項目を編集する

19:52
完了
ライブラリ
プレイリスト
アーティスト
アルバム
チェックする
曲
ミュージックビデオ

ミュージックアプリを起動して、「ライブラリ」画面を表示。右上の「編集」をタップしたら、ライブラリに表示する項目を設定しよう。ここでは「アーティスト」のみにチェックを付けて「完了」をタップ。

2 アーティストのみが表示される

ライブラリの項目が「アーティスト」のみになった。アルバムや曲、プレイリストといったほかの項目を使わない人は、この状態のほうがシンプルでわかりやすい。

section 03

106

時々チェックしたい「For You」の「ニューリリース」

好きなアーティストの最新作をチェックできる

Apple Musicに登録していると、ミュージックアプリの「For You」が利用可能です。この画面では、あなたが普段聴いている曲や、「ラブ」「これと似たおすすめを減らす」を付けた曲を参考にして、好みに合いそうな曲を表示してくれます。また、このページの下の方にある「ニューリリース」では、あなたの好みに合いそうなアーティストの新作をまとめて表示。「すべて見る」をタップすれば、最近リリースされたアルバムが時系列順で並びます。好きなアーティストの新作を聴き逃したくない人は、定期的にチェックしておくといいでしょう。なお、自分好みか好みじゃないかに関わらず、Apple Musicに追加された新曲をひと通り聴きたいときは、「見つける」画面の下の方にある「新着ミュージック」も要チェックです。

「ニューリリース」で好きなアーティストの新曲を探す

ミュージックアプリの「For You」をタップし、ページを下にスクロールして「ニューリリース」を探そう。自分が好きそうなアーティストの新曲が表示される。「すべて見る」で時系列順に表示することも可能だ。

発売前の新作もライブラリに追加しておこう

リリース前に先行配信曲もチェックできる

Apple Musicでは、まだ発売されていないリリース直前の最新アルバムも発見できます。好きなアーティストのアルバムが発売直前になったら、ミュージックアプリで検索してみましょう。「近日リリースアルバム」として見つけることができるかもしれません。この近日リリースアルバムでは、数曲が先行配信されており、リリース前に聴くことも可能です。気になる最新アルバムを見つけたら、忘れないうちにライブラリに先行追加しておきましょう。アルバムが正式にリリースされると、通知表示され、残りの曲も自動でライブラリに追加されます。

リリース前のアルバムをライブラリに追加

リリース前のアルバムは、「近日リリースアルバム」と表示される。ライブラリに先行追加しておけば、正式リリース後に通知され、先行配信曲以外の曲も自動で追加されるのだ。

section 03 108

1曲だけ持っているアルバムの残りは差額で購入できる

「コンプリート・マイ・アルバム」を使ってみよう

iTunes Storeで、すでに収録曲をいくつか購入してあるアルバムは、「コンプリート・マイ・アルバム」機能で残りの曲をまとめて購入できます。このとき支払う金額は、アルバム全体の通常価格から、すでに購入済みの曲の合計金額を引いた差額のみになります。たとえば、標準価格1,630円、11曲入り、1曲あたり255円で販売されているアルバムでは、1曲ごとに購入していくと全11曲で合計2,805円となり、アルバム全体の価格を超えてしまいます。コンプリート・マイ・アルバムを使った場合、すでに1曲購入済みなら、アルバム全体の1,630円から1曲250円を引いた、差額1,380円で残りの10曲を購入可能です。アルバムを完成させたいのであれば、iTunes Storeで目的のアルバムを探し、「コンプリート・マイ・アルバム」として提示されている金額ボタンをタップして購入しましょう。

アルバムの残りの曲を差額で購入してみよう

1曲購入済みのアルバムをiTunes Storeで表示すると、コンプリート・マイ・アルバム機能により、差額でアルバム全体を購入できる（左）。なお、Apple Musicの場合は、ミュージックアプリの「コンプリートアルバム」からアクセス可能だ（下）。

写真と動画はiTunesなしでもパソコンへ抜き取れる

Windowsの標準機能で簡単インポート

iPhoneで撮影した写真や動画をパソコンに取り込む場合、Windowsの場合であればOSの標準機能で行えます。iPhoneをパソコンにUSB接続したら「PC」フォルダの「Apple iPhone」を右クリック。「写真とビデオのインポート」を実行しましょう。取り込んだ写真や動画は「ピクチャ」フォルダに保存されます。なお、macOSの場合は、標準の「写真」Appを利用することで取り込みが可能です。

Windowsパソコンに写真と動画を取り込む方法

1 「写真とビデオのインポート」を起動する

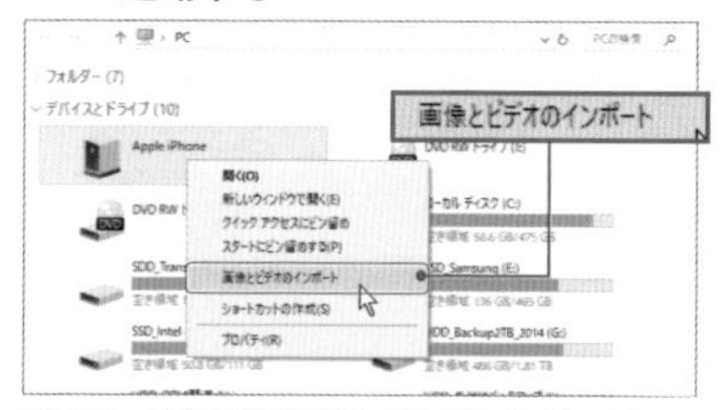

デスクトップ左下の検索欄に「PC」と入力し、PCフォルダを表示。iPhoneのアイコンを右クリックして「画像とビデオのインポート」を選択しよう。

2 写真と動画の取り込み設定を行う

「画像とビデオのインポート」画面が表示される。「インポートする項目を確認、整理、グループ化する」にチェックして、「次へ」をクリックしよう。

3 取り込む写真のグループを設定する

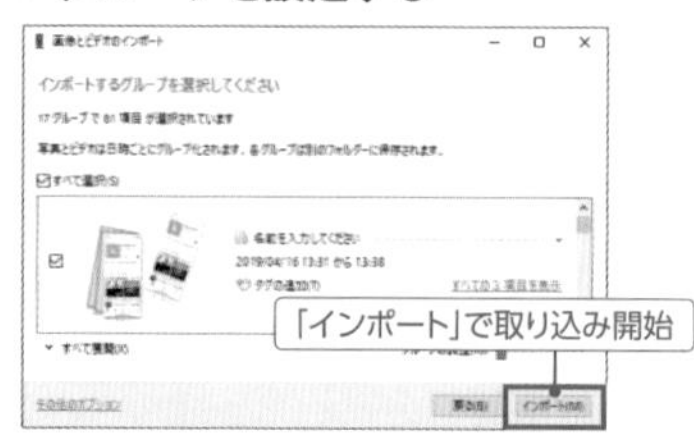

写真が日時ごとにグループ化されるので、取り込みたいグループにチェックを入れる。「グループの調整」でグループの範囲も調整可能だ。

4 インポートが開始される

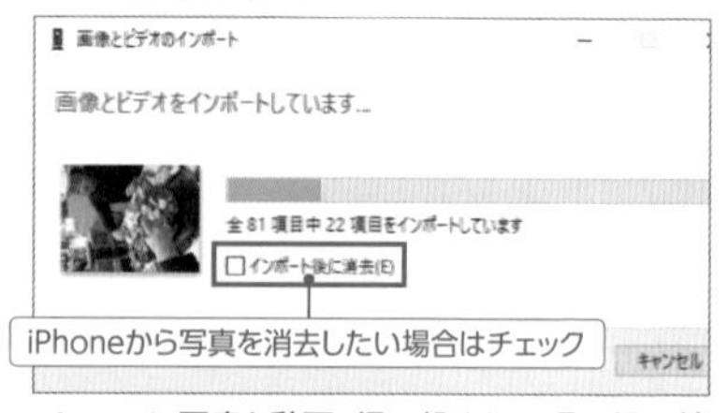

パソコンに写真と動画が取り込まれる。取り込み済みのものをiPhoneから消しておく場合は、「インポート後に消去」にチェックを入れよう。

section 03

110

シャッフル再生なら無料で聴けるSpotifyを試してみよう

5,000万曲が無料で聴き放題になる

Apple Musicの月額980円はちょっと高い……と思っている人は、音楽配信サービスの「Spotify」を利用してみましょう。無料で利用できるにも関わらず、国内外の5,000万曲が聴き放題になるという驚きのサービスです。ただし、無料の場合はシャッフル再生に限定されており、特定のアルバムを正規の順番で聴いたり、好きな曲を繰り返し聴いたりといったことができません。シークバーによる再生位置の調整も不可です。また、曲を聴き続けていると、たまに曲間でスキップできない広告が再生される仕様となっています。なお、有料のプレミアムプラン（月額980円）に移行すればシャッフル再生などの制限がなくなり、好きな曲を好きな順で繰り返し再生することが可能です。ただ、通勤時に好きなアーティストの曲をBGM代わりに聴きたい、といったカジュアルな用途であれば、無料アカウントのままでも十分でしょう。

Spotify
作者 Spotify Ltd.
価格 無料

アプリを起動してアカウントを登録

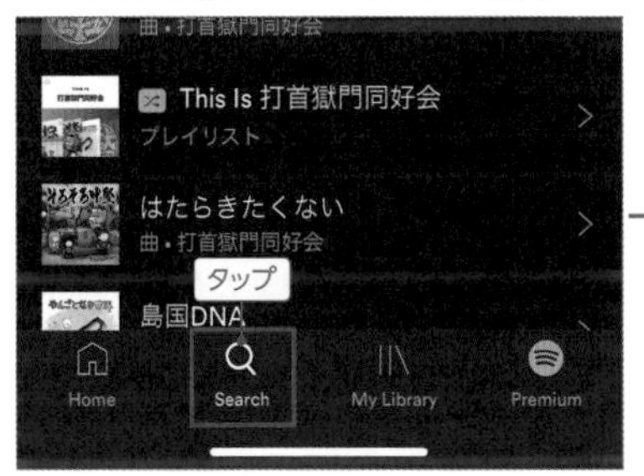

無料アカウントを作成したら、「Search」でアーティストやアルバムを検索しよう。ヒットしたアルバムやプレイリストを、シャッフル再生できる。

一度使えばやめられない YouTubeのすごい有料プラン

月額1,180円のYouTube Premiumを使おう

YouTubeを毎日のように楽しんでいる人は、月額課金制のサービス「YouTube Premium」への加入を検討してみましょう。月額1,180円と少々高いですが、動画再生時に広告が一切表示されない他、動画のオフライン再生やバックグラウンド再生ができるなど、さまざまな機能が開放されます。さらには、YouTubeの音楽専用サービス「YouTube Music」とGoogleの定額制音楽配信サービス「Google Play ミュージック」の有料機能(通常だと月額980円)が追加料金なし使えるようになるという太っ腹ぶり。また、YouTubeのオリジナル映像コンテンツを配信する「YouTube Originals」チャンネルで、一部のPremium専用動画も視聴できるようになります。初回登録時は、最初の1ヶ月、もしくは3ヶ月間無料で使えるので試してみましょう(アカウントの状況によって無料期間は異なります)。使い慣れてしまうとかなり快適で、元の状態に戻れなくなること間違いなしです。

Premiumはアプリより パソコンから購入したほうが安い

YouTube Premiumは、YouTubeアプリからでも購入できるが、iPhoneで購入すると月額1,550円と高くなるので注意。パソコンやAndroid端末から購入すれば、月額1,180円になるのでお得だ。なお、解約手続きは、アカウント画面から「有料メンバーシップ」→「管理」→「無効にする」で行える。

YouTube
作者 Google LLC
価格 無料

YouTube Premiumの主な特徴

1 広告が一切表示されない

YouTube Premiumだと、動画再生時の広告が一切表示されなくなる。広告で動画再生が止まることもなく、かなり快適だ。

2 動画をダウンロードできる

「オフライン」ボタンをタップすれば、動画をダウンロード保存してオフライン再生が可能。保存した動画は「ライブラリ」からも見られる。

3 バックグラウンド再生に対応

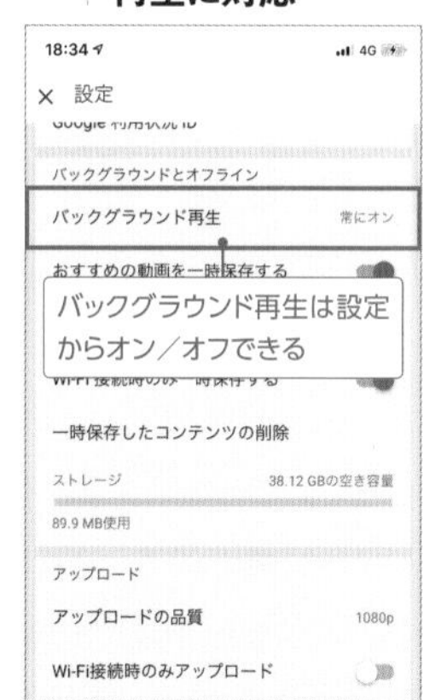

YouTubeアプリがバックグラウンド再生に対応し、アプリを閉じても音声再生が続くようになる。音楽だけを楽しみたいときに便利。

4 YouTube Musicを楽しめる

別アプリ「YouTube Music」で、有料のPremium機能が開放される。国内外の音楽やPVなどが聴き放題で楽しめるのだ。

5 Google Play Musicに対応

有料の「Google Play Music」も追加料金なしで使える。ただし、YouTube Premiumに申し込んでからGoogle Play Musicに反映されるまで、最大で24時間ぐらいかかるのでしばらく待とう。

6 Premium専用動画を視聴できる

「YouTube Originals」の配信動画のうち、タイトルに「Premium」のバッジが付いた動画はPremiumメンバーのみ視聴できる。

section 03

112

YouTubeの動画をダブルタップで早送り&巻き戻しする

10秒単位で動画の再生位置をスキップできる

YouTubeで動画再生時に、「退屈なシーンが続いているので、少しだけ早送りしたい」と感じたことはないでしょうか？　ただ、動画再生画面の下にあるシークバーを動かして、ちょっとだけ動画をスキップしようと思っても、細かい調整がうまくできずに早送りし過ぎてしまう、なんてことがよくあります。そんなときは、動画再生画面の左右端をダブルタップしてみてください。10秒単位で動画の早送り／巻き戻しが可能です。これならちょっとだけ動画をスキップしたいときに便利ですね。さらに、連続で何回も画面をタップすると、20秒、30秒、40秒とスキップできる秒数が増えていきます。うまく使えば、シークバーを使わなくても好みの再生位置に移動できるようになるので、ぜひ活用してみてください。

再生画面の左右端エリアをダブルタップすると、10秒単位での巻き戻し／早送りが可能だ（左）。連続で画面をタップすれば、スキップする秒数も増える（上）。

section 03 113

YouTubeのレッスンビデオはスローでじっくり再生しよう

YouTubeの動画は再生速度を調整できる

YouTubeには、世界中のユーザーがアップロードしたレッスンビデオが大量に存在しています。ちょっと検索するだけで、ピアノの弾き方やダンスの振り付け、英会話のコツ、アプリの使い方、エアコンの修理方法など、あらゆるジャンルの解説動画が見つかるはずです。無料とは思えない良質な動画も多く、何かを学びたいときは、とりあえずYouTubeをチェックするという人も増えています。このようなレッスンビデオを視聴しているときに、「もっとゆっくり(もしくは速く)再生したい」と思ったら、動画の再生速度を調整してみましょう。動画のオプションメニューから「再生速度」をタップすれば、0.25倍速～2倍速の間で再生速度を設定可能です。

再生中の動画速度をスローにする方法

1 動画再生時にオプションを表示

YouTubeアプリで目的の動画を再生したら、動画再生部分をタップ。画面右上のオプションボタン(縦に3つの点マーク)をタップしよう。

2 動画の再生速度を調整しよう

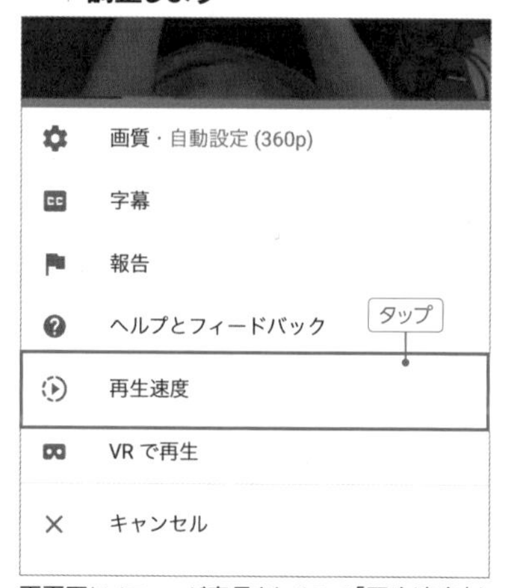

画面下にメニューが表示されるので「再生速度」をタップ。あとは好きな再生速度を選べばOKだ。再生速度は0.25倍速～2倍速まで選択できる。

section 03 114

YouTubeにはない レア動画を発見しよう

老舗の動画サイト「dailymotion」を使ってみよう

フランスの老舗動画共有サイトである「dailymotion」は、YouTubeで見つけられないようなレアな動画が発見できます。dailymotion自体は日本であまり有名ではありませんが、ヨーロッパでは比較的メジャーな動画サイトです。たとえば、同じミュージシャンでもYouTubeとは異なるライブ映像などが大量にヒットします。そのほか、本場ヨーロッパのサッカー動画もたくさん見つかります。目的の動画がYouTubeで探せなかったときにチェックしてみましょう。

アプリでオフライン再生にも対応

「dailymotion」は、レア動画が見つけやすい動画共有サイトだ。おもに海外向けの動画が多いが、日本向けのニュース番組などもある。海外の最新動向を知りたい人にもオススメだ。なお、ログイン後に「ダウンロード」をタップすれば、オフライン再生もできる。

dailymotion
作者 Dailymotion S.A.
価格 無料

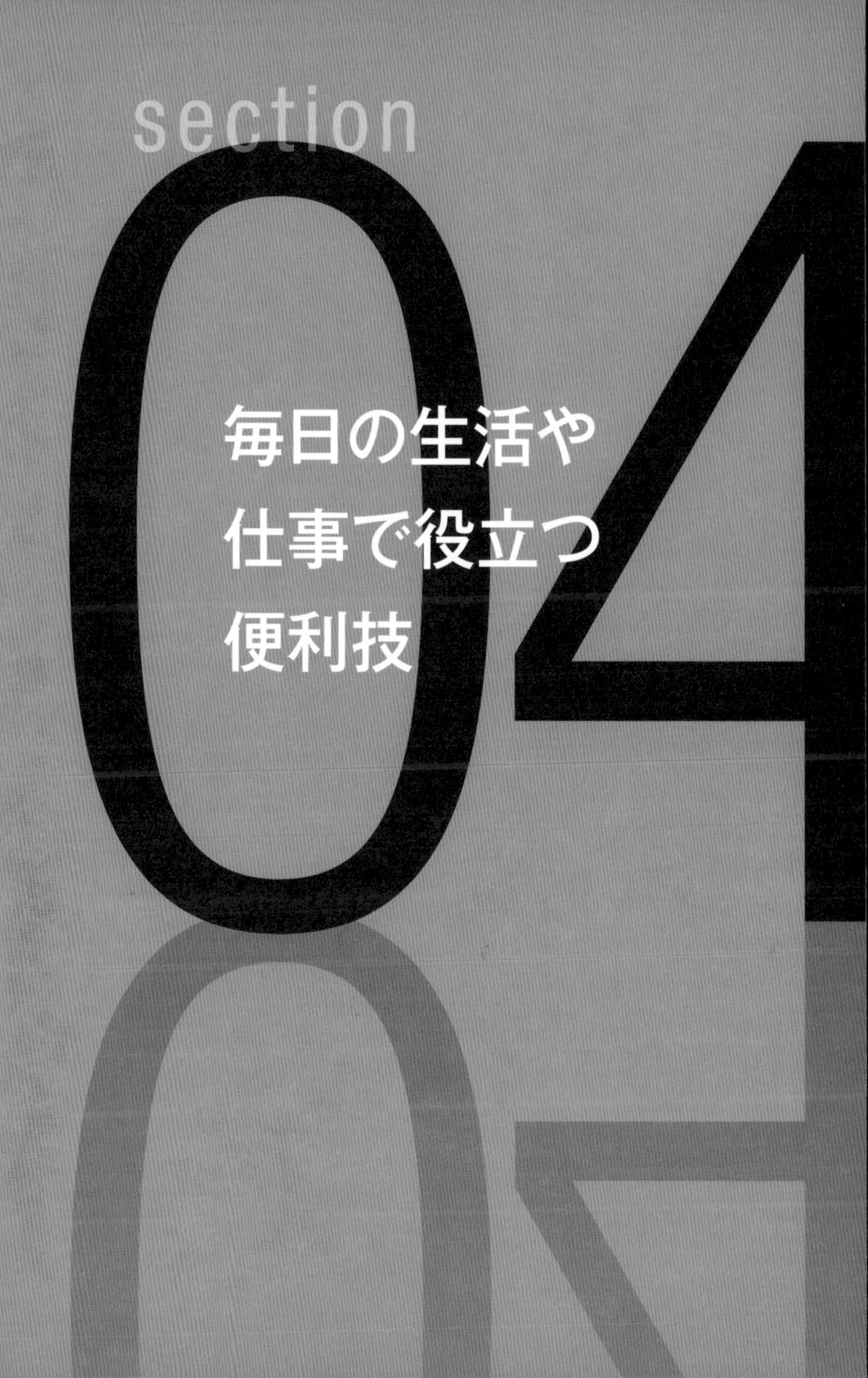
section
04
毎日の生活や
仕事で役立つ
便利技

section 04

115 マップで検索した場所はとにかくすぐに保存しておく

行きたい場所がいつも目に入るように

雑誌やWebで気になったショップや食べログでチェックしたレストラン、友人に教えてもらった穴場の観光スポットなど、マップで検索した場所は、とにかくすぐに保存しておきましょう。保存したスポットは、マップ上に目立つように表示されます。例えば、チェックしたカフェの近くに以前保存したいい感じのパン屋があったら、じゃあついでに立ち寄ってみようとなりますよね。「必ず行こう」や「いつか訪れたい」というスポットはもちろん、「ちょっと寄ってみてもいいかも」というスポットも同じようにどんどん保存して、マップを充実させていきましょう。また、旅行で宿泊するホテルや利用するバス乗り場なども、後で「どこだったっけ?」とならないよう、調べたらすぐに保存が鉄則です。ちなみに本書では、標準マップアプリより高機能なGoogleマップを使って解説します。

スポットの保存方法

1 情報パネルの「保存」をタップ

スポットを検索し、画面下部に表示される情報パネルの「保存」をタップ。続けて保存先のリストを選択しよう。保存したスポットは右ページのように表示される。

2 「保存済み」で一覧表示できる

保存したスポットは、下部メニューの「保存済み」で保存先リストを選んで一覧表示することができる。

保存したスポットはマップ上でこのように表示。マップをより広い範囲で表示してもマークは同じ大きさで表示される。保存スポットが多いエリアを目がけて、外出の予定を立てるのもあり。保存スポットが増えれば増えるほど、マップを眺めるだけで楽しくなってくるはず。

Googleマップ
作者 Google LLC
価格 無料

section 04 116

あそこに寄って行きたい…にも対応できる経路検索機能

Googleマップの隠れた便利機能

Googleマップの経路検索は、出発地と目的地を入力するだけで、最適な道順と距離、所要時間を教えてくれる機能です。旅行やドライブの際はもちろん、日常的な移動でも大活躍します。駅から目的地まで徒歩でどれくらいかかるか知りたいときや、車で遠出する際の到着時間の目安を知りたいときなどにも便利。自分の感覚を頼れない方向音痴の人にとっては命綱とも言える機能です。また、2つの地点を設定して検索するだけでなく、その間の経由地も指定できるので、「あのお店に寄って行きたい」や「午後にこの4箇所をまわらなければならない」といった状況でも、余分にかかる時間やベストなコースをすぐに把握できます。経由地を追加して経路検索したい場合は、まず通常通り経路検索を行い、画面右上のオプションメニューボタン（三つのドット）をタップしましょう。画面の下にメニューが表示されるので「経由地を追加」をタップします。そして寄りたい場所を入力すればOKです。ただし、後から入力した経由地が目的地に設定されてしまいますので、ドラッグして入れ替える必要があります。慣れてきたら、経由したいスポットを最初の目的地として入力するとよいでしょう。

経路検索結果でオプションを表示する

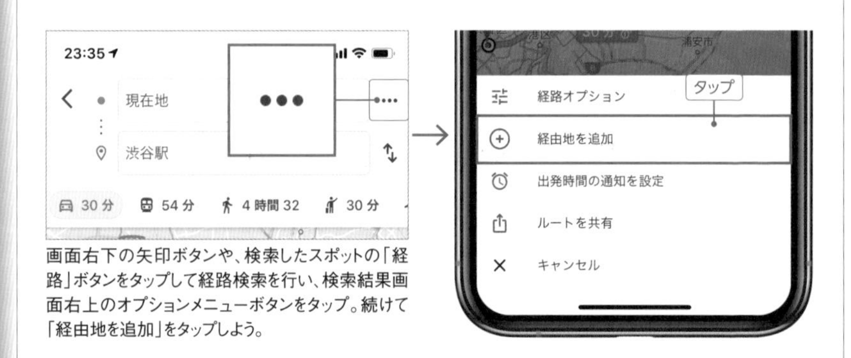

画面右下の矢印ボタンや、検索したスポットの「経路」ボタンをタップして経路検索を行い、検索結果画面右上のオプションメニューボタンをタップ。続けて「経由地を追加」をタップしよう。

経路検索に経由地を追加する

1 画面上部で経由地を入力

「経由地を追加」と表示されたボックスに、経由したいスポット名や住所を入力しよう。経由地は複数指定することができる。

2 経由地と目的地を入れ替える

このままだとあとから入力した経由地が目的地になってしまうので、三本線部分をドラッグしてA地点とB地点を入れ替える。

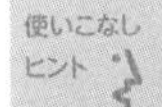

公共交通機関では経由地を設定できない

経由地の追加は、移動手段に自動車か徒歩を選択した時のみ利用できる機能で、公共交通機関では利用できない。電車移動で経由地を設定した経路検索を行いたい場合は、「Yahoo!乗換案内」アプリを利用しよう。ルート検索画面に「+経由」というボタンがあるので、タップして経由駅を指定すればよい。

section 04 117

「ここにいるよ！」はマップのロングタップで知らせる

もう待ち合わせで失敗しない！

待ち合わせでなかなか出会えないのは自分のせいなのか相手のせいなのか。「改札の目の前にいるよ」「いやいや、自分もそこにいるし」「そこから何が見える?」といったメッセージや電話のやり取りで出会えないと、険悪になりがちです。そんなときは、マップの現在地送信機能を使ってみましょう。ホーム画面でマップアプリをロングタップして「現在地を送信」(Googleマップの場合)を選ぶだけで、今まさにいる場所の正確な情報を相手に送信できるのです。送信手段はメッセージでもLINEでもメールでも自由に選択できます。受け取った側がリンクをタップするだけで、マップに相手の現在地が表示されるという仕組みです。この機能は、Googleマップでも標準マップアプリでも利用可能ですが、受信側は送信側が使ったマップアプリでリンクを開くことになります。相手がAndroidの場合は、標準マップアプリの情報は送信できませんのでGoogleマップの一択です。相手がiPhoneでもGoogleマップを使った方が無難でしょう。

マップをロングタップして現在地を送信

Googleマップの場合は、ロングタップして表示されるメニューで「現在地を送信」をタップ。標準マップアプリの場合は、ロングタップして「自分の現在地を送信」をタップする。続けて送信方法を選択しよう。

相手の現在地が表示される

1 現在地の情報を受け取ったら

これはメッセージで相手の現在地情報を受け取ったところ。リンクをタップすれば、Googleマップや標準マップアプリが起動して、相手の位置が表示される。

2 マップアプリで正確な位置が表示された

マップが起動して、相手の正確な位置が表示された。「経路」をタップして、現在地からの経路を表示することもできる。

使いこなしヒント

スクリーンショットの方がよい場合もあり

現在地の表示がずれていたり、位置情報がうまく取得できない場合は、マップのスクリーンショットを送信しよう。リンクを開かずにひと目で把握できるので、スクリーンショットの方が手っ取り早いことも多い。

section 04

118 通信量節約にもなるオフラインマップを活用する

あらかじめ地図をダウンロードしておこう

Googleマップであれば、オフラインでも地図を表示できる「オフラインマップ」機能を備えています。あらかじめ指定した範囲の地図データを、iPhone内にダウンロード保存しておくことで、圏外や機内モードの状態でもGoogleマップを利用できるのです。ダウンロードした地図を利用するのに、特別な操作は必要ありません。オンライン時と同じように地図を表示でき、スポット検索やルート検索(自動車のみ)、さらにナビ機能なども利用できます。特に電波の届きにくい山の中や離島に行くことがあれば、その範囲をダウンロードしておくと便利です。また日本国内だけでなく、海外の多くの地域でもオフラインマップを利用できます。海外旅行でGoogleマップを使いすぎると、どうしても通信量が嵩むため、日本にいるうちにダウンロードしておくのがおすすめです。なお標準の設定では、地図データをダウンロードするのにWi-Fi接続が必要です。またダウンロードデータの容量が大きいので、端末の空きiPhoneにも注意しましょう。

メニューから「オフラインマップ」を開く

1 オフラインマップのメニューを開く

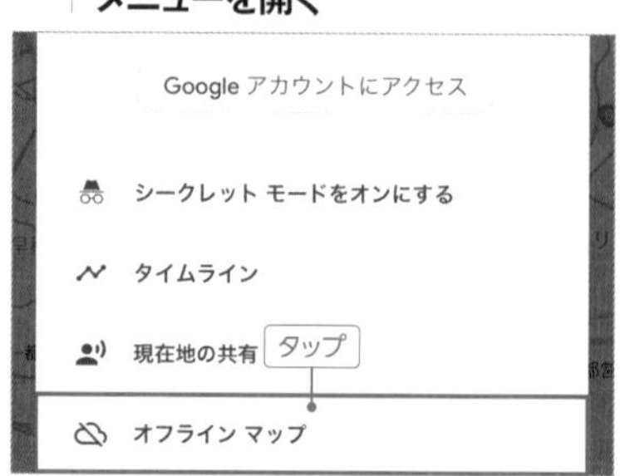

Googleマップの検索ボックス右にあるアカウントボタンをタップしてメニューを開き、「オフラインマップ」をタップ。

2 「自分の地図」をタップする

をダウンロードしてください。その地図を使えば、オフラインで検索や経路検索ができるようになります。

オフライン マップのダウンロード

自宅

タップ

自分の地図

「自分の地図」をタップしよう。Wi-Fiだけでなくモバイルデータ通信でもダウンロードしたい場合は、右上の歯車ボタンで設定を変更できる。

地図をダウンロードしてオフラインで利用する

1 ダウンロードするエリアを指定

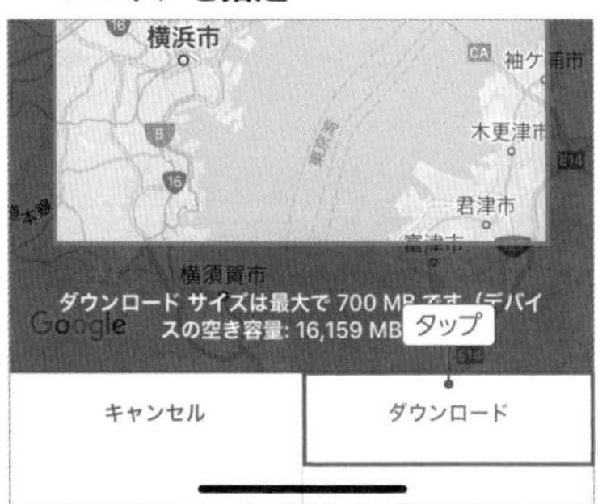

画面をスクロールしたりピンチ操作で拡大縮小し、ダウンロードしたいエリアを枠内に入れて「ダウンロード」をタップ。

2 地図データが保存される

ダウンロードが完了するまでしばらく待とう。完了したら、地図データのサイズと有効期限を確認できる。

3 オフライン時でもマップが使える

オフライン時でも、ダウンロード済みのエリアなら地図を閲覧したり検索できる。ただしルート検索は自動車のみで、公共交通機関や自転車、徒歩によるルート検索はできない。

使いこなしヒント

オフラインマップには有効期限がある

iPhoneにダウンロードしたオフラインマップには、1ヶ月〜1年程度の有効期限が設定され、続けて利用するには期限前の更新が必要となる。期限が15日以内にせまっており、Wi-Fi接続中であれば、自動的に更新される仕組みになっている。

section 04

119

現在地が明らかにずれているときはWi-Fiオンで解決

接続しなくても意味がある

外出先でGoogleマップや標準のマップアプリを使うとき、まずは現在地ボタンをタップすると思います。そして、今いるのはここだから……と、画面内のマップとまわりを見比べた結果、なんだかおかしい……。それは実際の現在地とマップで示されている現在地がずれているからです。そんなときは、Wi-Fiがオンになっているかどうか確認してみましょう。iPhoneの位置情報は、GPSと通信キャリアの基地局、そしてWi-Fiのアクセスポイントから送信される情報を元に検出されます。もちろん、そのアクセスポイントに接続する必要はありません。現在地が大きくずれていたらWi-Fiをオン。マップを手放せないユーザーはぜひ覚えておきましょう。

「設定」→「Wi-Fi」でスイッチをオンに。それだけで位置情報が改善される場合が多い。

section 04

120

旅の記憶もよみがえるGoogleマップのタイムライン

移動記録が勝手に保存されていく

Googleマップの「タイムライン」を使ったことはありますか？　自分の位置情報が自動で記録されていき、いつどこにいたか、どのようなルートで移動したかが一目瞭然になる機能です。記録されたデータの使い途は人それぞれですが、旅行先での移動ルートを眺めるだけでも楽しいので、一度使ってみてください。Googleマップの検索ボックス右のアカウントボタンをタップしてメニューを開き、「設定」→「個人的なコンテンツ」をタップ。下の方にスクロールして、「現在地設定」欄で「位置情報サービスがオン」になっていることを確認しましょう。位置情報は「常に許可」に設定しておく必要があります。オンになっていれば、自動的に位置情報が記録されていきます。記録されたデータは、メニューの「タイムライン」で確認できます。

訪れた場所やルート、移動距離や移動手段も記録される。右上のカレンダーボタンをタップして、タイムラインを確認したい日を選択しよう。

section 04 121

Yahoo!乗換案内のスクショ機能を活用しよう

ルート検索の結果を友達に共有するときに便利

電車の乗り換えルートを相手に知らせたい時は、乗換案内アプリの検索結果をスクリーンショットで撮影して画像で送ったほうが、テキストで送るよりも分かりやすく相手に伝えられます。ただ困るのが、乗り換えルートが長すぎて1画面に収まらない時。画面を分割して何枚もスクリーンショットを送るのは、あまりスマートな方法とは言えません。そこでおすすめなのが、「Yahoo!乗換案内」アプリです。乗換案内アプリとしても多機能で優秀ですが、特に便利なのが「スクショ」機能。1画面に収まらないような長いルートでも、自動的に1枚の縦長画像として保存してくれ、相手に送ることができるのです。ヘビーユーザーでも意外と気づきにくい機能なので、ぜひ活用してみましょう。

まずはYahoo!乗換案内でルート検索を実行しよう

出発地点と到着地点を指定、「検索」をタップすると検索結果として複数のルートが表示される。

Yahoo!乗換案内
作者 Yahoo Japan Corp.
価格 無料

検索結果のスクリーンショットを撮影してみよう

1 検索結果のルートを表示して「スクショ」をタップ

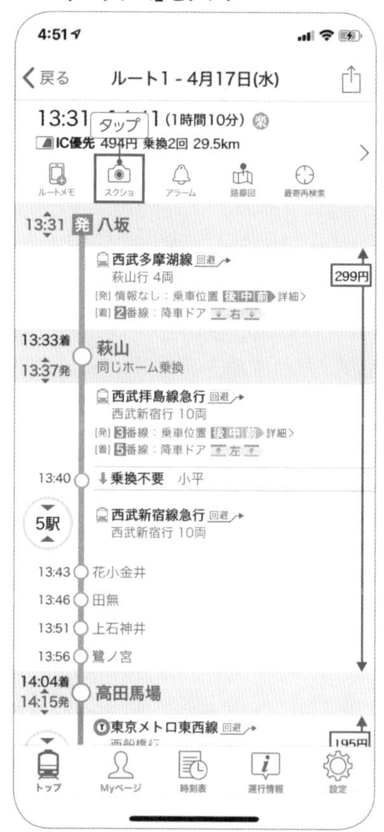

検索結果から共有したいルートを表示しよう。乗換駅などが詳細表示される画面に切り替わるので、上部にある「スクショ」ボタンをタップする。

2 ルート情報が画像として保存される

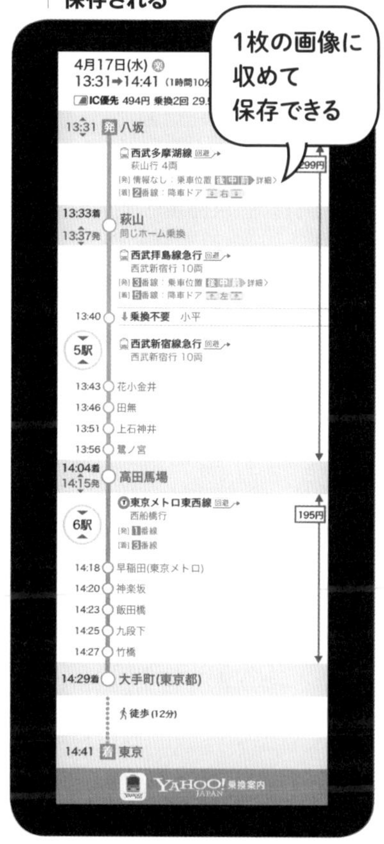

すると、表示しているルート内容が1枚の画像になり、写真アプリ内に保存される。LINEでそのまま画像を共有することも可能だ。

使いこなしヒント

共有ボタンで検索結果を共有するとどうなる?

検索結果の各ルートを表示すると、右上に共有ボタンが表示される。ここから共有を行うと、テキストで乗換情報を共有することが可能だ。なお、アプリ用のリンクも共有されるので、相手がYahoo!乗換案内をインストールしていれば、同じ検索結果をアプリで表示できる。

混雑や遅延確実な路線はあらかじめ避けて経路検索する

特定の路線を迂回して再検索する方法

「電車が遅れて打ち合わせに遅刻しそうになった」、「花火大会の影響で電車が異常に混んでいて乗れなかった」といった経験、社会人なら1度はありますよね。事前に運行情報が分かれば、別の路線かバスで迂回して移動したのに……と考える人もいるでしょう。そこでオススメなのが「Yahoo!乗換案内」です。本アプリでは、路線の運行情報をいち早くチェックできるだけでなく、遅延や運休時に迂回路をすばやく再検索することが可能です。また、路線が混雑するかどうかがわかる「異常混雑予報」という機能も搭載。混みそうな路線をあらかじめ避けて検索することができます。まずは、あなたがよく使う路線を「運行情報」に登録しておきましょう。その路線に遅延や運休が発生したとき、すぐに通知してくれるようになるので便利ですよ。

「運行情報」によく使う路線を登録しておこう

1 運行情報を表示する

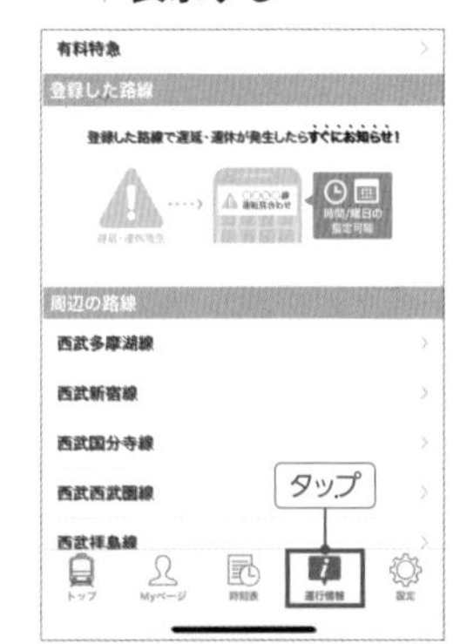

まずは、Yahoo!乗換案内の運行情報機能に自分がよく使う路線をあらかじめ登録しておこう。アプリを起動したら「運行情報」をタップ。

2 よく使う路線を登録する

キーワード検索や「列車別から探す」、「周辺の路線」などから登録したい路線を探し、「遅延・運休」の通知ボタンをタップ。

3 遅延や運休時に通知される

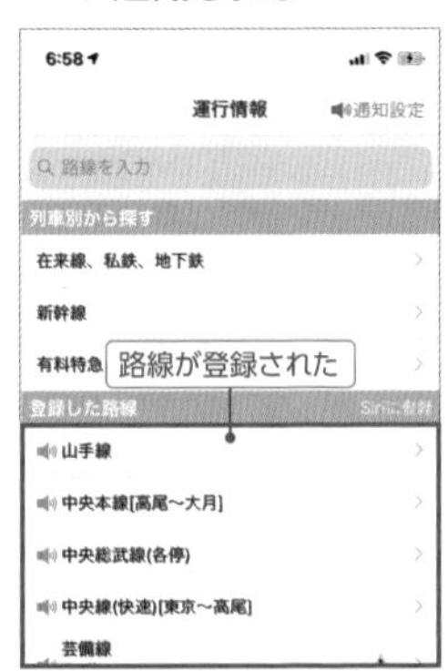

これで路線が登録され、遅延や運休時に通知されるようになった。なお、登録を解除する場合は、「設定」→「登録路線」から行おう。

混雑や遅延・運休の路線を避けて再検索する

1 異常混雑予報をチェック

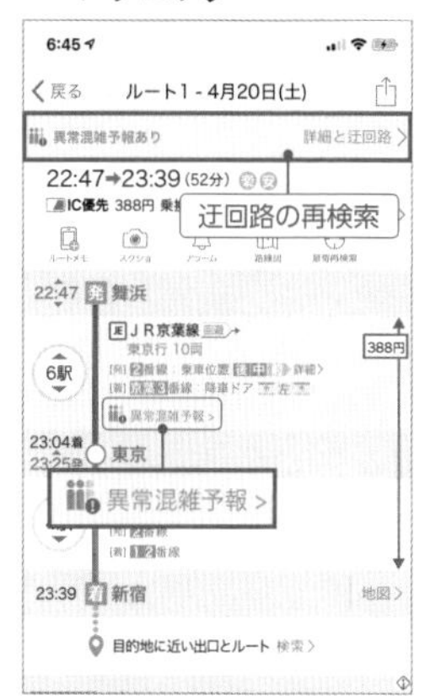

検索結果で、普段以上に混雑することが予想される駅では、「異常混雑予報」が表示される。この場合は迂回路の再検索が可能だ。

2 遅延・運休情報をチェック

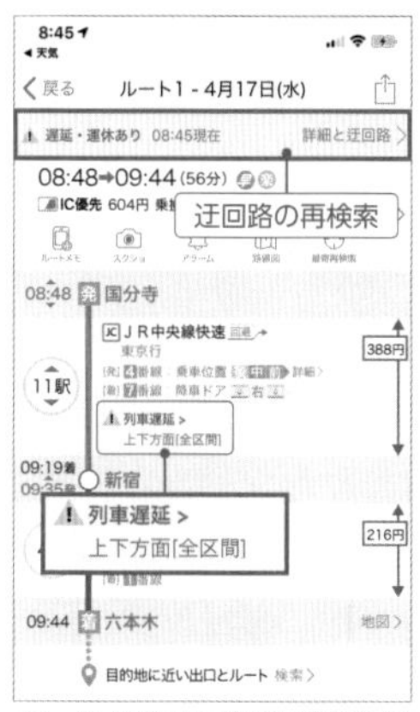

また、検索結果で路線が遅延・運休している場合も、検索結果に表示される。災害の影響で止まっている路線などもわかるのだ。

3 迂回して再検索しよう

「詳細と迂回路」→「ルートを再検索」で迂回路の再検索が可能だ。ただし、ルートによっては迂回路が見つからない場合もある。

路線の混雑予報を詳細に確認する

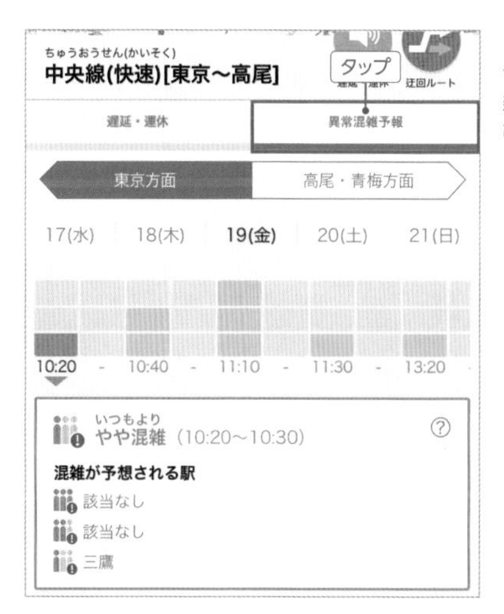

「運行情報」から路線を選び、「異常混雑予報」タブをタップすると、当日から4日先までの混雑予報が詳細に表示される。混みそうな時間帯は避けるといいだろう。

使いこなしヒント

通常時でも路線を避けて検索できる

異常混雑予報や遅延・運休情報がない路線でも、下部の「迂回」をタップすれば、迂回路で検索可能だ。いつも混雑しているなど、乗りたくない路線があるなら使ってみよう。

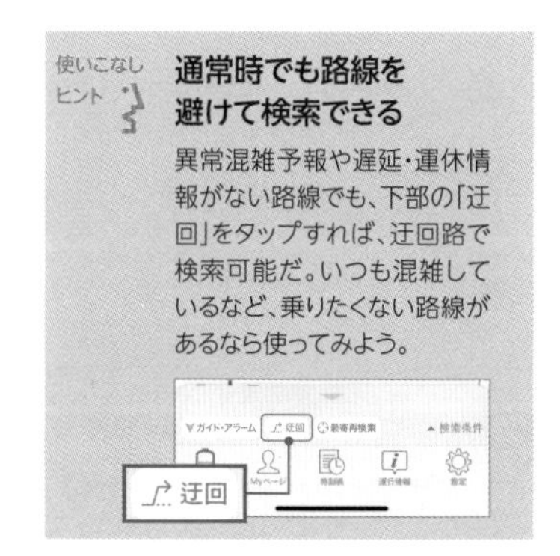

section 04

123 雨雲の接近を事前に知れば ゲリラ豪雨も回避できる

「雨雲接近」のプッシュ通知設定を行おう

天気予報アプリ「Yahoo!天気」では、現在地または登録した地点に雨雲が接近しているとき、通知してくれる機能が搭載されています。「メニュー」→「アプリの設定」→「プッシュ通知設定」から「雨雲接近」をオンにして、さらに通知地点と通知時間帯を設定しましょう。通知地点を「現在地」に設定するには、アプリの位置情報の利用を「常に許可」にしておく必要があります。特定の地点を設定するには、あらかじめ「メニュー」→「地点の追加」で地点を追加しておきましょう。これで、突発的に発生したゲリラ豪雨なども回避することができるはずです。

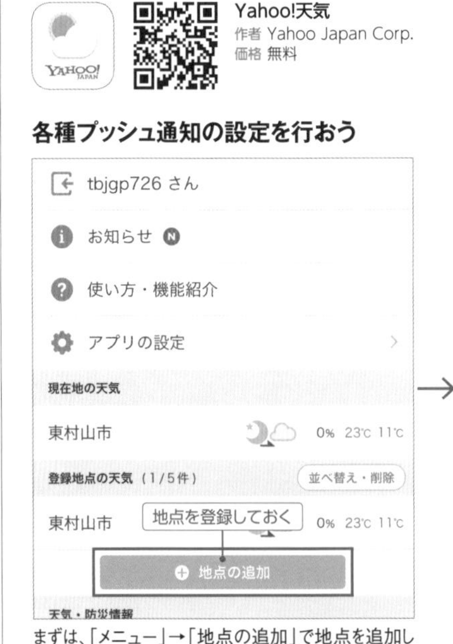

まずは、「メニュー」→「地点の追加」で地点を追加しておこう。「アプリの設定」→「プッシュ通知設定」で通知したい項目をオンにして設定すればOKだ。

section 04
124

今現在の気温は標準天気アプリのウィジェットで確認

シンプルな表示で現在気温を確認できる

No123で紹介した天気アプリ「Yahoo!天気」はウィジェット機能も充実しており、通常の天気予報に加えて、雨雲レーダーや気温グラフの表示に特化したウィジェットが用意されています。ただこれらのウィジェットには、現在の気温を表示する機能がありません。また、ウィジェットが多機能すぎて、画面の情報量が少し多いです。ウィジェット画面に表示される項目は最低限の方が見やすいので、標準の「天気」アプリのウィジェットを配置しておくのがおすすめです。今現在の天気と気温が大きく表示され、あとは降水確率や最高／最低気温が表示されるだけのシンプルな表示なので、気温も天気もひと目で分かります。より詳細な天気予報と気象情報を知りたい時は、「Yahoo!天気」アプリを利用するように使い分けましょう。

標準の天気アプリはあまり多機能なものではないが、ウィジェットとしてはシンプルな表示で分かりやすい。「Yahoo!天気」のウィジェットでは確認できない、現在の気温も大きく表示される。

section 04 125

ニュースもツイートも あとで読むために保存する

気になる記事は「Pocket」に保存しよう

ちょっと気になる記事を見つけたけど、今は時間がないのであとでじっくり読みたい……そんなときは、「あとで読む」系のアプリを使ってみましょう。ここでは、昔から定番になっている「Pocket」を利用します。たとえば、Safariでニュースサイトを閲覧しているときに、あとで読みたい記事を見つけたとします。その場合は、共有ボタンから「Pocket」をタップすれば、その記事がPocket側に保存されます。あとでPocketアプリを起動すれば、保存した記事をオフラインでゆっくり読むことが可能です。また、保存した記事の音声読み上げ機能も搭載されているので、作業をしつつイヤホンでニュースをチェックしたいときにも便利。共有拡張機能の設定をあらかじめ済ませる必要はありますが(右ページ参照)、Safari以外にもTwitterやInstagramなど、あらゆるアプリの共有ボタンからデータを保存できます。

あらゆるアプリの共有ボタンから Pocketに保存できる

右ページで紹介している共有拡張機能の設定を行えば、アプリの共有ボタンから保存が可能だ。保存した記事はPocketアプリで読むことができる。

Pocket
作者 Read It Later, Inc
価格 無料

共有拡張機能を設定しておこう

1 共有拡張機能の設定を開始する

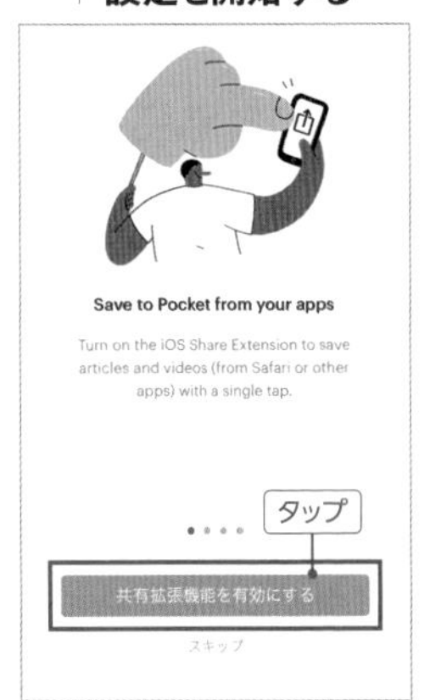

Pocketをインストールしてログインしたら、上の画面で「共有拡張機能を有効にする」をタップ。初期設定を行っておこう。

2 共有ボタンをタップする

Safariが起動して、設定手順が表示される。これを読みながら設定をしておこう。まずは、画面下の共有ボタンをタップ。

3 「その他」をタップする

画面の下から共有メニューが表示される。アイコン一覧を左にスワイプして、右端の「その他」をタップしよう。

4 Pocketをオンにする

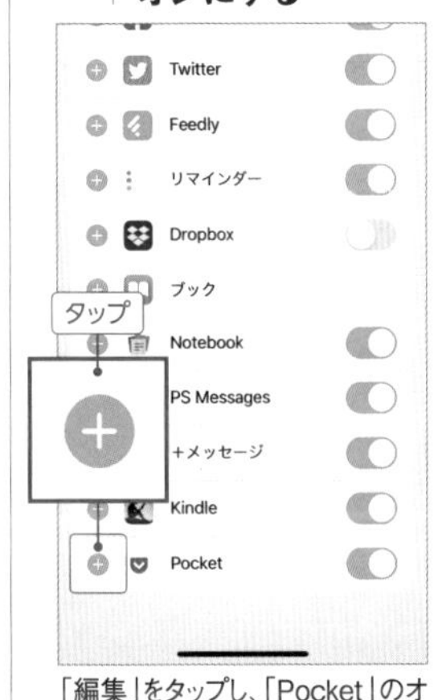

「編集」をタップし、「Pocket」のオンを確認した上で左端の「＋」ボタンをタップ。よく使う項目に追加しておく。

5 Pocketをタップする

前の画面に戻ると、アイコン一覧に「Pocket」の項目が追加されているはずだ。そのままこれをタップしよう。

6 設定が完了した

「有効になりました!」と表示されれば完了。今後、記事を保存したいときは共有ボタンからPocketを選べばいい。

section 04

126

外国人とGoogle翻訳の会話モードでコミュニケーション

交互に話すだけですぐに翻訳してくれる

海外旅行時にもっと現地の人とコミュニケーションしたいという人は、「Google翻訳」アプリを使ってみましょう。テキスト入力やカメラ入力、手書き入力など、いろいろな翻訳機能が用意されていますが、海外旅行時にオススメなのは「会話」モードです。これは、iPhoneに話しかけるだけでリアルタイムに訳文を作成し、そのまま音声で読み上げてくれるという機能。最近のGoogle翻訳は、機械学習などの技術が進歩した影響で、音声認識や翻訳の質がかなり上がってきています。この会話モードでも、その高い品質が遺憾なく発揮されており、ちょっと複雑な文章でもかなり正確に翻訳されます。訪日外国人に話しかけられた際にも使ってみましょう。

1 会話ボタンをタップする

まずは、画面上部で原文と訳文の言語を選択しておこう。次に「会話」をタップする。

Google 翻訳
作者 Google LLC
価格 無料

2 音声認識がスタートする

画面が会話モードに切り替わり、画面の下にはマイクボタンが表示される。このモードだと、音声認識でリアルタイムに訳してくれるのだ。

「日本語」のマイクボタンをタップしたら日本語を話そう。すぐに英語訳が音声で読み上げられる。また、英語で喋りかけられたら「English」のマイクボタンボタンをタップ。これで日本語に翻訳可能だ。中央のマイクボタンをタップすると、両方の言語が認識される。

メモも書類もGoogleで作成すれば何かとはかどる

Googleドキュメントとスプレッドシートを活用しよう

iPhoneでメモや書類を作成する場合は、Googleの提供しているオフィス系アプリ「Googleドキュメント」や「Googleスプレッドシート」を活用すると便利です。保存した書類はGoogleドライブで共有されるので、パソコンのブラウザからも簡単にアクセスできます。「iPhoneで資料のラフを作っておき、あとでパソコンで仕上げていく」といった作業フローにもバッチリ対応可能です。また、ほかのユーザーを招待して同時に編集する機能も搭載されています。同じ資料を複数人で効率よく編集したい、といったときに使ってみましょう。もちろん、マイクロソフトのOffice系アプリと互換性があるので、他人に渡す資料を作りたい場合でも安心です。

テキストや画像を自由にレイアウトして文書を作成

テキストや画像をレイアウトできるドキュメント作成アプリ。企画書や報告書の作成に最適だ。

Google ドキュメント
作者 Google LLC
価格 無料

表計算でグラフを作成して資料をわかりやすく

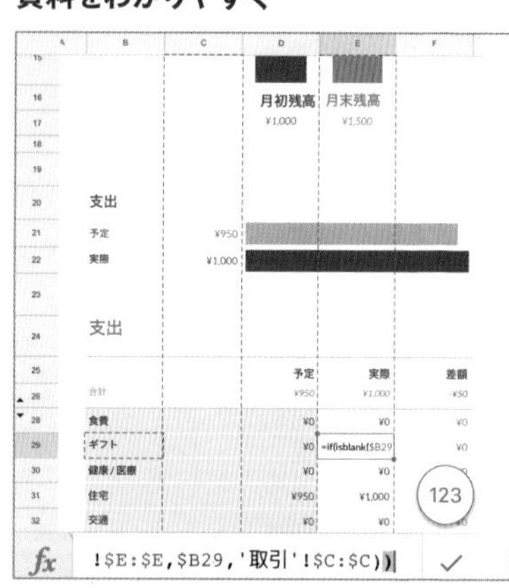

関数を使った表計算やグラフ表示に対応したスプレッドシート。エクセルと同じ感覚で使える。

Google スプレッドシート
作者 Google LLC
価格 無料

Googleドライブ経由でパソコンからも編集できる

1 アプリ側で書類を作成する

まずは、iPhone側で書類を作成してみよう。作成した書類は、Googleドライブで同期される。

2 パソコンでGoogleドライブにアクセスして仕上げる

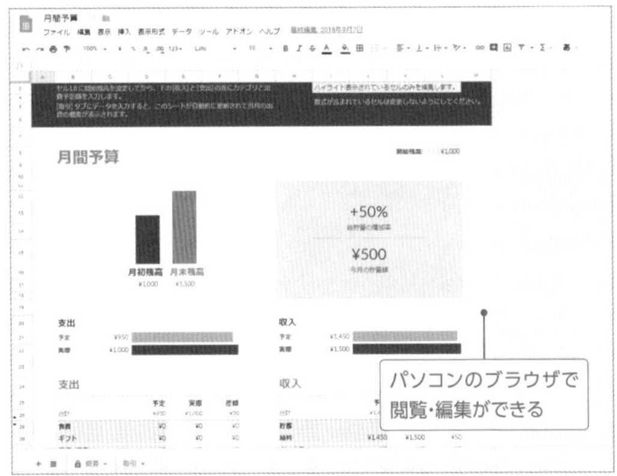

パソコンのブラウザでGooleドライブにアクセスしよう。先ほど作成したものと同じ書類が同期されているので、クリックすれば開くことができる。

複数人での共同編集作業もできる

1 共同作業のボタンをタップ

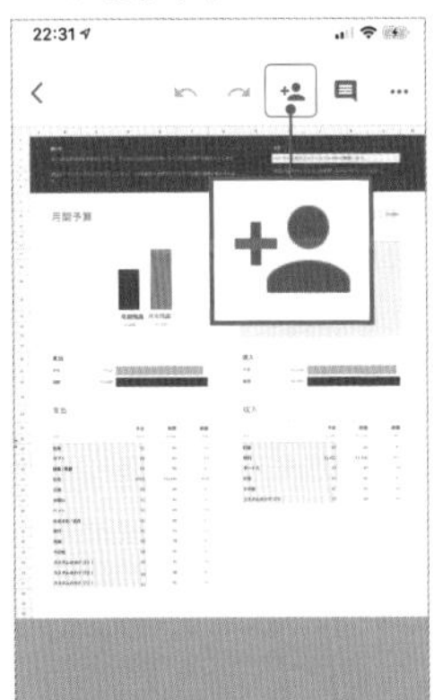

書類作成をほかのユーザーと共同で編集したときは、画面上部の人型のボタンをタップしよう。

2 ほかのユーザーを招待する

招待する人のメールアドレスを入力してメールを送信。メールに記載されているリンク先に相手がアクセスすれば共同編集が行える。

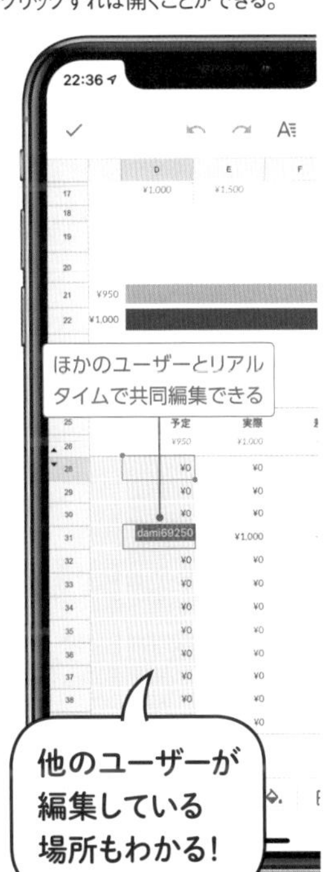

section 04

128

カレンダーは月表示で予定の内容を確認できるものがベスト

「Yahoo!カレンダー」に乗り換えてみよう

iOS標準の「カレンダー」アプリは、シンプルなインターフェイスで見た目も美しいアプリですが、実際はあまり使いやすくありません。それは、月表示で「どの日にどんな予定が入っているのか」という大事な情報がわかりにくいからです。スケジュール管理を効率的に行いたいのであれば、別のカレンダーアプリに乗り換えることをオススメします。たとえば「Yahoo!カレンダー」では、月表示でカレンダー上にすべての予定が並ぶので、ひと目でスケジュールがわかるようになっています。日付をタップすれば、その日の詳細なタイムスケジュールが画面下に表示されるのもポイント。この表示方式はかなり使いやすいため、多くのカレンダーアプリでも採用されています。自分に合ったカレンダーアプリをいろいろ探してみましょう。

月表示が見やすく高性能なカレンダーアプリ

Yahoo!カレンダー
作者 Yahoo Japan Corp.
価格 無料

1 アプリの初期設定を行っておく

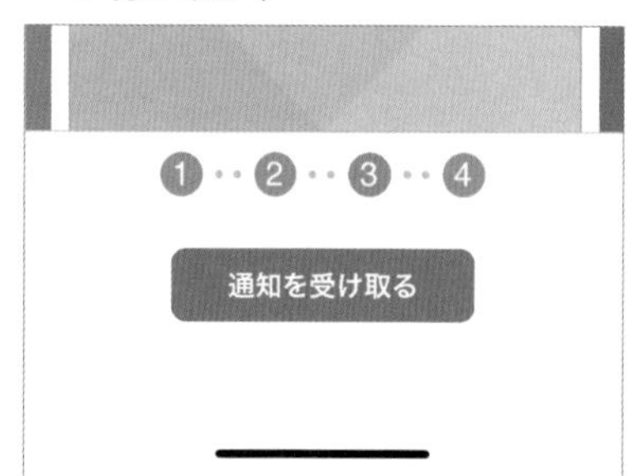

Yahoo!カレンダーをインストールして起動したら、カレンダーの同期や通知などの初期設定を行う。

2 表示するカレンダーを設定しておこう

「…」から「アプリ基本設定」→「表示するカレンダーを選ぶ」で表示するカレンダーを取捨選択しておこう。

標準カレンダーとYahoo!カレンダーではここが違う

標準のカレンダーアプリだと予定が分かりづらい……

標準のカレンダーアプリでは、どこに予定が入っているのかが判別しづらい。カレンダー上の日付をタップしないと、その内容すらわからないのだ。

Yahoo!カレンダーなら月の予定がひと目でわかる

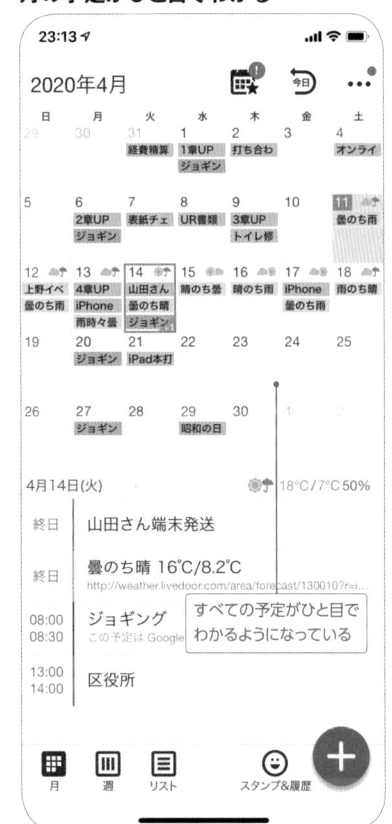

Yahoo!カレンダーでは、月表示だけで予定がひと目でわかる。一定期間続く予定もバッチリ表示されるので、どのあたりが忙しいかも判断しやすい。

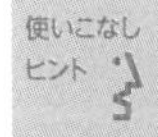

標準カレンダーアプリは使わなくても残しておこう

使わない標準アプリはホーム画面から消すことができるが、標準のカレンダーアプリは消さない方がいい。なぜなら、今日の日付と曜日がアプリアイコンに表示されて意外と便利だからだ。この機能は標準アプリでしか実現できない。見えるところに配置しておこう。

section 04

129

LINEにやるべきことを知らせてもらう

LINEで「リマインくん」を友だち追加しよう

ToDo管理アプリにやるべきことを登録しても、ついつい通知をスルーしてしまう……なんて人は、LINEを利用したToDo管理を試してみましょう。やり方は簡単。「リマインくん」というパーソナルリマインダーbotを、LINEの友だちに追加するだけです。あとは、リマインくんとのトーク画面で「新しいリマインダ」をタップし、「電話する」、「明日の12時」とリマインドする内容と日時を入力するだけ。すると、設定した日時にリマインくんがトークで知らせてくれます。LINEの通知も表示されるので、LINEを普段使っている人であれば絶対に見逃さないはず。これなら通知をスルーせず、やるべきことを忘れないようにできます。

1 リマインくんを友だち登録しよう

Safariで「リマインくん」と検索してヒットするページで「今すぐ友だちに追加」をタップ。LINEの友だちとして登録しておこう。

2 LINEのトーク画面を表示する

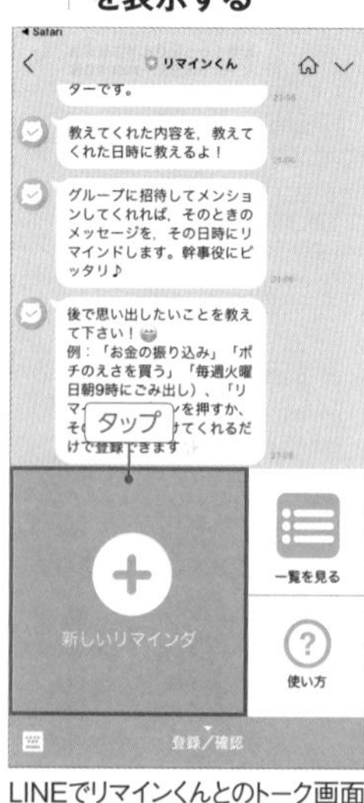

LINEでリマインくんとのトーク画面を表示。リマインダーを登録する際は、画面下の「登録／確認」→「新しいリマインダ」をタップする。

3 リマインド内容を入力する

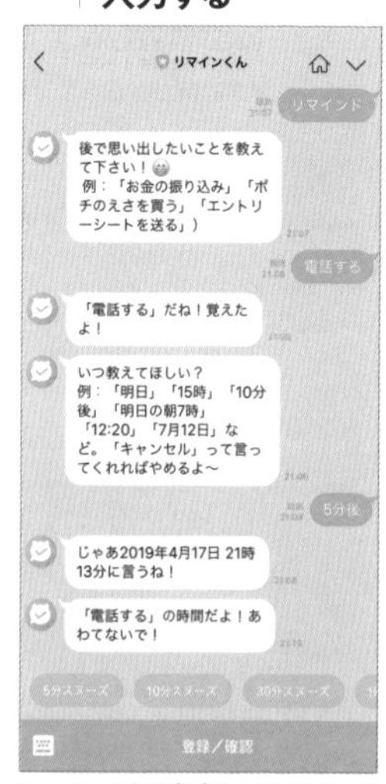

リマインドする内容と日時を話しかけると覚えてくれ、その日時になるとLINEで話しかけてくれる。これなら大事な用事も忘れない。

備忘録もToDoも自分宛てにメールで知らせよう

超軽快でシンプルなメモアプリ「Fast Memo」

ふと思いついたアイデアや帰りの買い物メモなど、ちょっとした内容であれば、わざわざリマインダーアプリなどを使わなくても、自分宛てにメールしておけば済みますよね。ただ、メールアプリを起動して新規メールを作成して……という手間を考えれば、リマインダーアプリに登録する手間と大して変わらない気がします。そんな時は「Fast Memo」というアプリが便利です。起動した直後から素早くメモを入力できるシンプルなメモアプリで、上部のメニューからメールボタンをタップするだけで、メモ内容を手軽にメール送信できます。

1 Fast Memoを起動してメモを記入する

まずは画面右上の歯車ボタンをタップし、「設定画面へ」を選択。「Mail」欄に宛先のメールアドレスを入力しよう。覚えておきたいことを簡単にメモしたら、次に画面上部のメールボタンをタップしよう。

Fast Memo
作者 bbcddc
価格 無料

2 自分宛てにメールで送信しておこう

section 04

131

iPadで行っていた作業を即座にiPhoneで引き継ぐ

超便利なHandoff機能を使ってみよう

iOSでは、作業に着手した端末から、近くにある別端末に切り替えても作業を再開できる「Handoff」機能が搭載されています。たとえば、書斎のiPadでメールを書いている途中で用事を思い出し、リビングに移動したあとに手持ちのiPhoneで作業を再開する、といったことが簡単に可能です。アプリ側がHandoffに対応している必要がありますが、Apple純正アプリであれば問題なく利用できるので試してみましょう。なお、本機能を使うには、各端末で「同じApple IDを使ってiCloudにサインインしている」、「BluetoothとWi-Fiがオンになっている」、「Handoffがオンになっている」必要があります。また、すべて設定してもHandoffが使えない場合は、iCloudから一旦サインアウトして再度サインインしてみてください。

Handoffを使うための設定を行う

1 各端末でWi-FiとBluetoothをオンにする

Handoff機能を使うには、各端末でWi-FiとBluetoothをオンにする必要がある。コントロールセンターでオンになっているかチェックしよう。

2 各端末でHandoffをオンにする

また、各端末で「Handoff」がオンになっているかも確認しよう。同じApple IDでiCloudにサインインしているかもチェックだ。

iPadで行っていた作業をiPhoneに引き継ぐ方法

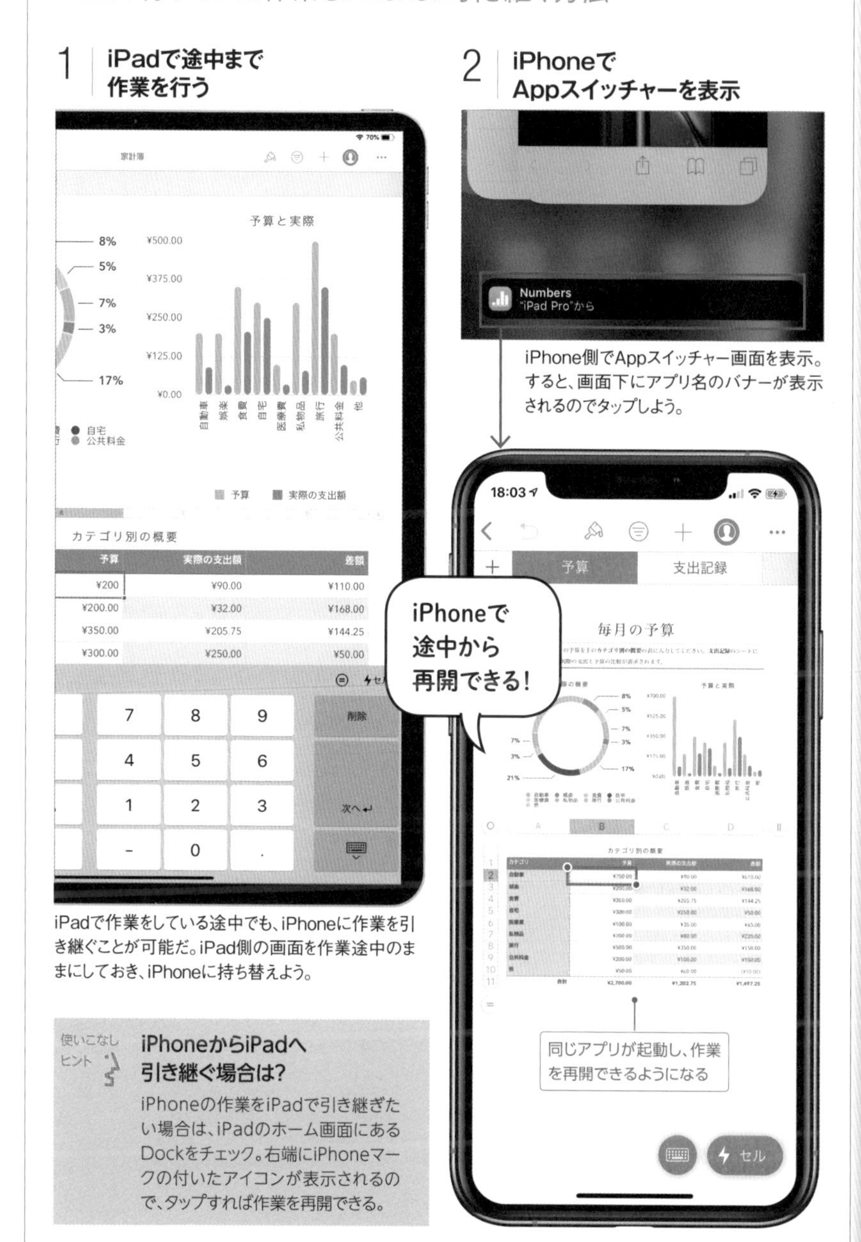

1 iPadで途中まで作業を行う

iPadで作業をしている途中でも、iPhoneに作業を引き継ぐことが可能だ。iPad側の画面を作業途中のままにしておき、iPhoneに持ち替えよう。

2 iPhoneでAppスイッチャーを表示

iPhone側でAppスイッチャー画面を表示。すると、画面下にアプリ名のバナーが表示されるのでタップしよう。

同じアプリが起動し、作業を再開できるようになる

使いこなしヒント iPhoneからiPadへ引き継ぐ場合は?

iPhoneの作業をiPadで引き継ぎたい場合は、iPadのホーム画面にあるDockをチェック。右端にiPhoneマークの付いたアイコンが表示されるので、タップすれば作業を再開できる。

section 04

132 長文入力にも利用できる高精度の音声入力機能

キーボードより高速に入力できる

iPhoneでの文字入力が苦手な人に、ぜひ知っておいて欲しいのが、音声入力の快適さです。やたらと人間臭い反応を返してくれる「Siri」の性能を見れば分かる通り、これまでのバージョンアップで培われた技術によって、iPhoneの音声認識はかなり精度が高くなっています。喋った内容はほぼリアルタイムでテキストに変換してくれますし、自分の声をうまく認識しない事もほぼありません。メッセージの簡単な返信や、ちょっとしたメモに便利なだけでなく、長文入力にもおすすめ。フリックでの高速入力に慣れている人でも、音声入力の方が速く入力し終わる場面があるでしょう。ただし、句読点や記号を入力するには、それぞれに対応したワードを声に出す必要がありますので、そこだけは慣れが必要です。また、誤入力や誤変換があっても、とりあえず最後まで一気に入力を済ませてしまうのがコツ。あとから間違った文字列を探して、まとめて再変換するのが効率的です。入力した文字の削除も音声入力では行えないので、一度キーボードに戻して、削除キーをタップするか、3本指の左スワイプや本体を振ってシェイクで取り消しましょう。

iPhoneで音声入力を利用にするには

1 設定で「音声入力」をオンにしておく

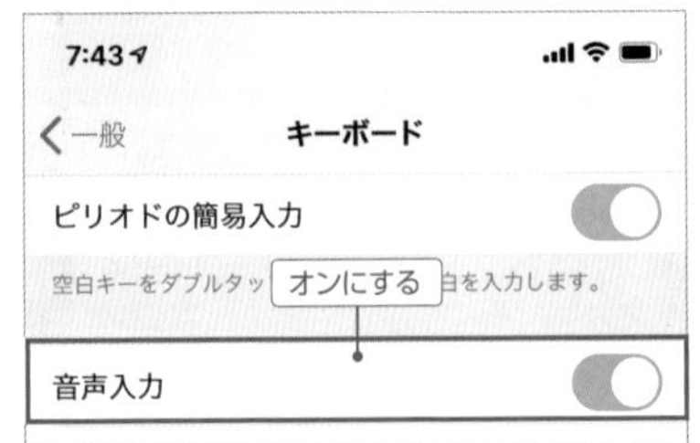

まず「設定」→「一般」→「キーボード」をタップして開き、「音声入力」のスイッチをオンにしておこう。

2 マイクボタンをタップする

キーボードの右下にマイクボタンが表示されるようになるので、これをタップすれば、音声入力モードになる。

音声入力の画面と基本的な使い方

音声でテキストを入力していこう

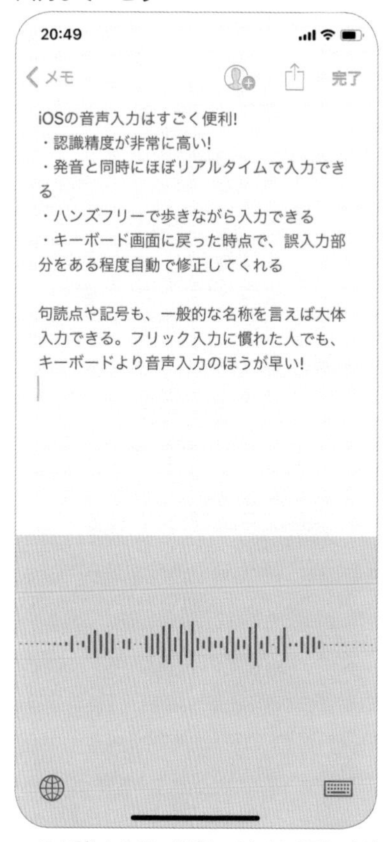

マイクに話しかけると、ほぼリアルタイムでテキストが入力される。句読点や主な記号の入力方法は右にまとめている。

句読点や記号を音声入力するには

かいぎょう	→	改行
たぶきー	→	スペース
てん	→	、
まる	→	。
かぎかっこ	→	「
かぎかっことじ	→	」
びっくりまーく	→	!
はてな	→	?
なかぐろ	→	・
さんてんリーダ	→	…
どっと	→	.
あっと	→	@
ころん	→	:
えんきごう	→	\
すらっしゅ	→	/
こめじるし	→	※

キーボード画面に戻るには

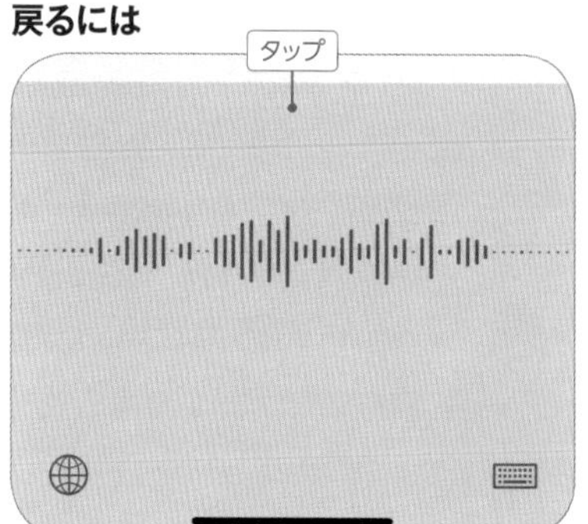

元のキーボード入力画面に戻るには、音声入力の画面内を一度タップするか、右下のキーボードボタンをタップすればよい。

使いこなしヒント

英語の音声入力モードになってしまう時は

英語キーボードの状態でマイクボタンをタップすると、英語の音声入力モードになるので注意しよう。日本語で話しかけても、発音が似た英文に変換して入力されてしまう。左下の地球儀ボタンをタップしても、日本語と英語の音声入力モードを切り替えできる。

section 04

133

音声入力の文章をすぐにパソコンで整える連携技

Googleドキュメントを使った最速編集テク

No132で紹介している通り、iPhoneの音声入力はかなり実用的なレベルで使えます。ただし、不満がないわけではありません。最も不便に感じるのは、音声入力だと文章の修正が面倒という点です。文章を考えながらテキストに起こす時は、どうしても文章をいったん消して書き直すことが増えますし、テキストの入れ替えや、コピー&ペーストといった操作も多用します。もちろん誤字脱字も、気付いた特にすぐ修正できる方がいいに決まっています。このようなちょっとした編集作業が、音声入力では行えません。いちいちキーボードに切り替える必要があり、そのキーボード上での編集作業も、あまり快適とは言い難い。これはストレスが溜まります。iPhoneの音声入力は、せっかく考えたことをすぐテキスト化できるリアルタイム性に優れているのに、考えをまとめて整理するための編集能力が弱いのです。しかし、そんな不満点をすべて解消してくれる、素晴らしい使い方があります。それが、Googleドキュメントを利用した、iPhoneとパソコンの連携技です。まずiPhoneとパソコンの両方で、同じGoogleドキュメントの画面を開いてください。この状態でiPhoneの音声入力を使い、Googleドキュメントに文章を入力していくと、ほとんど間をおかず、パソコンの画面にも同じ文章が表示されていくはずです。つまり、iPhoneに喋ってテキストを音声入力しながら、パソコンの画面上で即座に修正できるのです。この連携技は、そもそもパソコンを持っていないと使えないのと、パソコンの画面にテキストが表示されるまで若干タイムラグが発生するといった欠点はありますが、長文入力も苦にならない音声入力の快適さを損なわずに、入力ミスした文章も素早く修正できてストレスを感じません。この方法を使えば、音声入力の問題はほぼすべて解消すると言っても過言ではありません。ぜひ一度、試してみてください。

iPhoneとパソコンで同じGoogleドキュメントを編集

Googleドキュメント

https://docs.google.com/document/

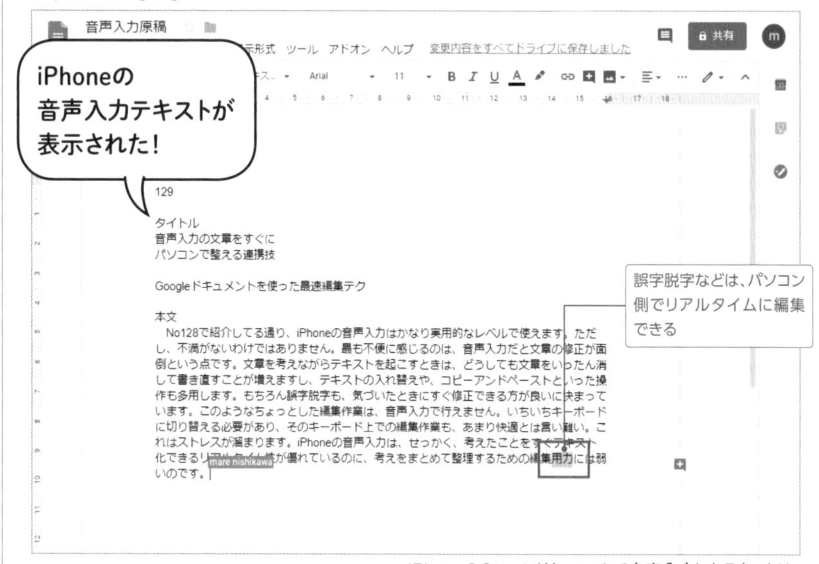

iPhoneのGoogleドキュメントで音声入力したテキストは、パソコンのGoogleドキュメントにもリアルタイムで表示されていく。誤字脱字や差し替え箇所があれば、iPhoneに喋りながらでもパソコン側ですぐに修正できる。

パソコンの修正が
反映された!

iPhoneでGoogleドキュメントアプリを開き、音声入力でテキストを入力していこう。入力ミスした箇所は、パソコン側で開いた同じGoogleドキュメントの画面で、すぐに修正できる。

Google ドキュメント
作者 Google LLC
価格 無料

section 04 134

連絡先をユーザ辞書にする音声入力の裏技

音声入力でも好きな言葉に変換できる

iPhoneの音声入力で不満を感じる点の一つに、変換候補を選べないという問題があります。また、ユーザ辞書に登録した単語も、音声入力だと反映されません。そこで、「連絡先」アプリをユーザ辞書代わりにするという、少し裏技的な方法を使ってみましょう。まず「性」に変換する単語を、「性(フリガナ)」に読み仮名を入力しておきます。すると、音声入力で「性(フリガナ)」に入力した読み仮名を話せば、「性」の単語に変換されるようになるのです。あまり大量に登録してしまうと、今度は連絡先アプリの使い勝手が悪くなってしまいますが、「ジタクメール」の音声でメールアドレスを入力するなど、頻繁に変換する言葉や文章をいくつか登録しておくと便利です。

1 連絡先アプリで性とフリガナを入力

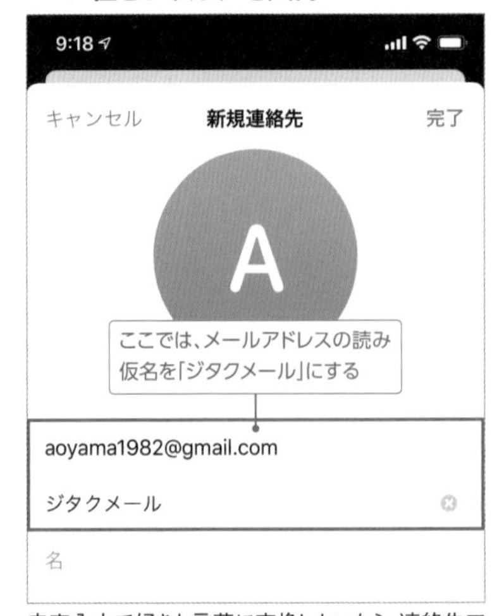

音声入力で好きな言葉に変換したいなら、連絡先アプリを利用しよう。まず「性」に単語、「性(フリガナ)」に読み仮名を入力。

2 音声入力で連絡先の単語に変換される

音声入力で、「性(フリガナ)」に入力した読み仮名を話すと、「性」の単語に変換されるようになる。

section 04

135

Siriに話しかけてメモを取ってもらう

既存のメモに追記もできる

ふと思い浮かんだアイデアや、ちょっとした備忘録などを今すぐメモしたい時に、iPhoneのロックを解除してからメモアプリを起動して、メモ画面を開いてからキーボードで入力して……という操作を行うのは少し面倒ですよね。その間にメモしたい内容を忘れてしまいそうです。そんな時は、No012で紹介している音声アシスタント「Siri」に頼んでみましょう。「○○とメモして」と話しかけるだけで、素早くメモを取ることができて便利です。ただ、この方法だといちいち新規メモを作成してしまいます。メモは1行目がタイトルになるので、Siriに「メモ(タイトル)に追加」と頼み、続けてメモ内容を話すことで、指定したメモに追記していくことができます。

Siriに頼んで新しいメモを作成する

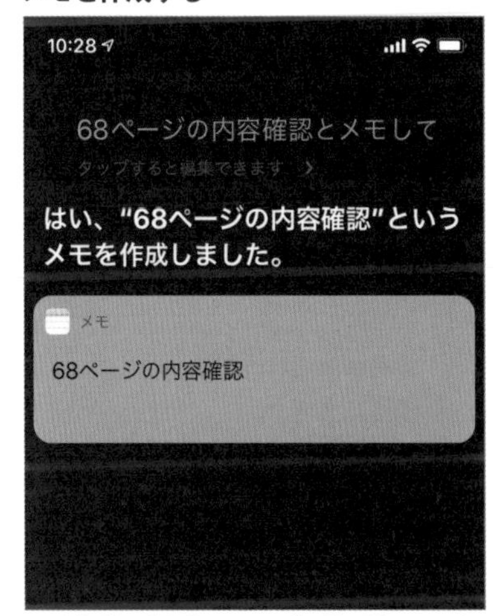

Siriを起動し、「○○とメモして」の形で話しかけると、喋った内容がそのままメモとして作成される。

既存のメモに追記したい時は

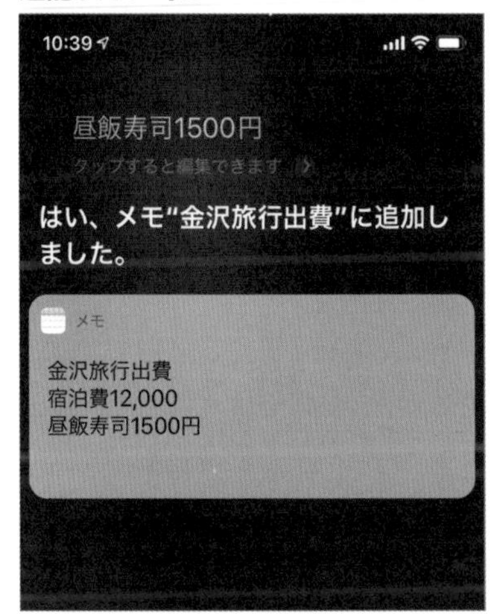

「メモ(タイトル)に追加」と頼み、メモしたい内容を話せば、特定のタイトルのメモに追記していける。メモは1行目がタイトルになる。

section 04

136

効率的なコピペができるおすすめアプリ

ウィジェットの履歴から簡単コピー

ネットで気になる店を見つけたとか、このニュースが気になったと友だちに伝えたい時は、まずSafariでアドレス部分をロングタップしてコピーし、LINEなどに貼り付けて送っていると思います。Webサイトが一つなら特に問題ないのですが、複数のサイトを送りたい時は、コピーしたサイトを一度送って、またSafariに戻って別のURLをコピーして、またLINEで送って……と、面倒な繰り返し作業が必要になります。この繰り返し作業を簡単にしてくれるのが「コピペ+」です。過去にコピーした内容が履歴として残り、ウィジェットの履歴一覧からタップして簡単にコピーし直せるアプリです。複数のURLを送りたい時は、まず送りたいURLを片っ端から全部コピーし、ウィジェットの履歴から呼び出して再コピー、LINEなどに貼り付けて送るのが早いです。もちろんURL以外のテキストでも利用できます。

コピペ+
作者 EasterEggs
価格 無料

1 ウィジェットの表示数を変更

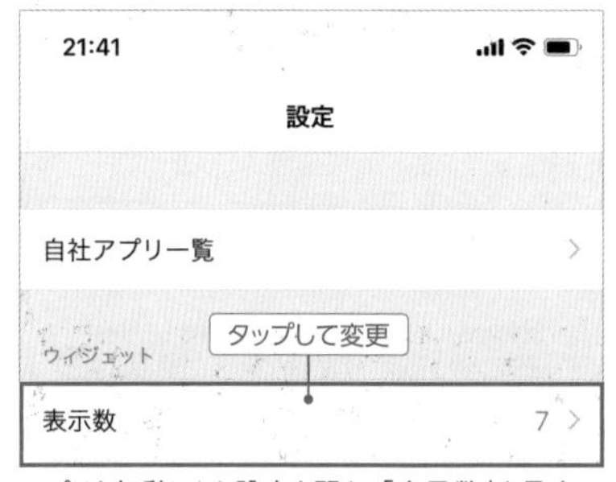

アプリを起動したら設定を開き、「表示数」を最大の「7」に変更しておこう。これで、ウィジェットに表示される履歴一覧が最大で7つまで表示されるようになる。

2 ウィジェットに表示させる

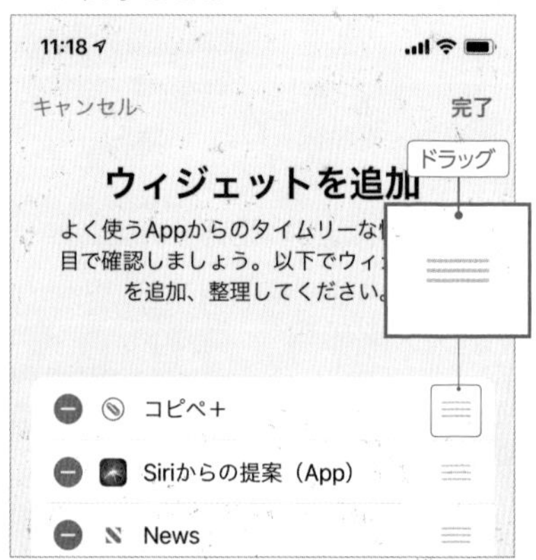

ウィジェット画面を開いたら下部の「編集」をタップ。「コピペ+」のウィジェットを追加し、続けて右端の三本線ボタンをドラッグして、一番上に表示されるよう並べ替えておこう。

ウィジェットの履歴一覧からコピーし直す

1 サイトのURLなどを片っ端からコピー

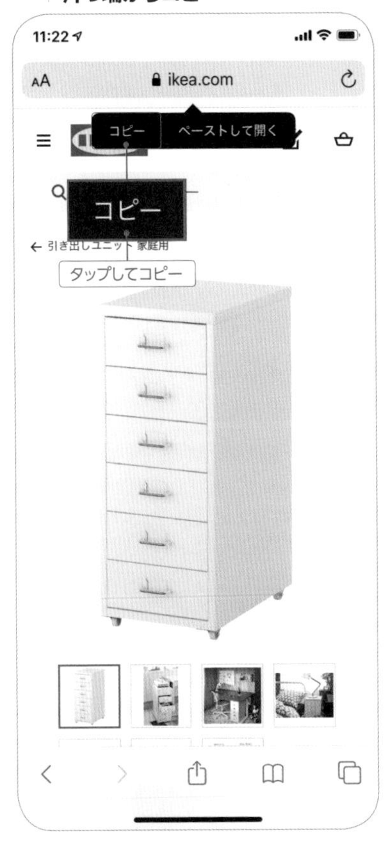

友だちにWebサイトのURLを送りたい時、URL部分をロングタップして「コピー」をタップすればコピーできる。複数のWebサイトを送りたいなら、とりあえずすべてのURLをコピーしてしまおう。

2 履歴から呼び出して再コピーする

ウィジェット画面で、先程コピーしたURLが最大7つまで一覧表示される。タップすれば再コピーできるので、LINEなどに貼り付けて送り、ウィジェットからタップして別のURLをコピー、と繰り返せば良い。

使いこなしヒント

履歴の削除もウィジェットから行える

コピーした履歴を消したい場合は、アプリを起動して「編集」ボタンをタップすれば削除できる。ただ、いちいちアプリを起動しなくても、ウィジェット画面でも履歴の削除は可能だ。消したい履歴の右端にあるゴミ箱ボタンをタップしよう。その履歴を消すことができる。

section 04

137 iPadやMacと横断してコピペを利用する

各デバイスでクリップボードを共有できる

iPhone以外に、iPadやMacなど他のAppleデバイスを持っている人は、「ユニバーサルクリップボード」機能でクリップボードを共有できる事を知っておくと、さまざまな作業がはかどります。例えば、長文入力が楽なMacで文章を仕上げてコピーすれば、iPhone側でメールアプリなどに貼り付けて、すぐに送信できます。また、iPhone内にしかない写真をiPadのメモに貼り付けたり、iPadから送信するメールに添付したい場合も、iPhoneで写真をコピーして、iPadのメモでペーストするだけでいいのです。他にアプリやサービスを使う必要はありません。「Handoff」や「AirDrop」などの機能とケースバイケースで使い分けましょう。ただし、クリップボードを共有するにはいくつか条件を満たしている必要があるので、まずは設定を確認しておきましょう。

ユニバーサルクリップボードを使うための準備

iPhoneとiPadの設定

iPhoneとiPadの場合は、同じApple IDでサインインし、BluetoothとWi-Fiがオンになっており、「設定」→「一般」→「AirPlayとHandoff」→「Handoff」がオンになっている必要がある。

Macの設定

Macの場合は、同じApple IDでサインインし、BluetoothとWi-Fiをオンにし、Appleメニューから「システム環境設定」→「一般」→「このMacとiCloudデバイス間でのHandoffを許可」にチェックする。

Macで作成した文章をiPhoneのメールで送る

1 Macで長文を作成してコピー

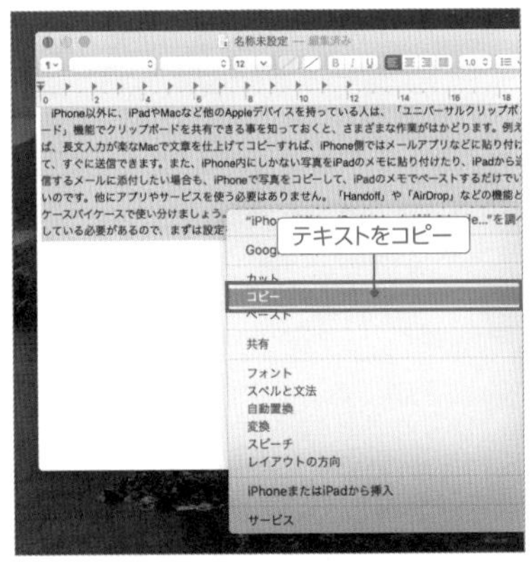

iPhoneで送りたいメールが長文なら、Macで入力した方が早い。Macで作成したテキストをコピーしよう。

2 iPhoneのメール画面でペースト

iPhoneで新規メールを作成し、画面内をロングタップして「ペースト」をタップすると、Macで書いたテキストを貼り付けできる。

iPhoneの写真をiPadのメモに貼り付ける

1 iPhoneで写真をコピーする

iPhone内の写真をiPadに貼り付けたいなら、まずiPhone側で写真を開いて、共有メニューボタンから「コピー」をタップしよう。

2 iPadでメモを開いてペースト

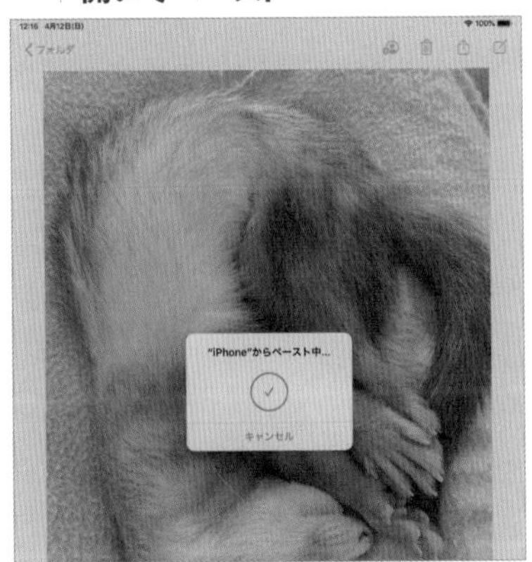

iPad側でメモアプリを開き、ロングタップメニューから「ペースト」をタップすると、iPhoneでコピーした写真が貼り付けられる。

section 04 138

電車もコンビニもiPhoneをかざしてキャッシュレス決済

まず「Apple Pay」とは何かを理解しよう

せっかくiPhoneを持っているのですから、使ってみたいですよね、「Apple Pay」。iPhoneをサッと取り出して改札を通ったり、コンビニでiPhoneをかざしてスマートに支払いを済ませたり、iPhoneを使いこなしている感じがします。ただ、一度もApple Payを使ったことがない人は、これが一体どういったサービスなのか今ひとつ分からず、利用をためらっているのではないでしょうか。特に最近は、「PayPay」や「LINE Pay」などの"何とかペイ"が乱立していますから、似たようなものかと思ってしまいます。しかしここで理解しておきたいのは、Apple Payと、PayPayやLINE Payは、サービスとして全然別ものということです。PayPayやLINE Payは、あらかじめお金をチャージしておいて、QRコードなどで支払う電子決済サービスです。これに対してApple Payは、それ自体にお金をチャージして支払うものではありません。Suicaを登録したり、iDやQUICPayといった電子マネーに対応するクレジットカードを登録して、iPhoneでまとめて管理できるサイフ機能のことを「Apple Pay」と言うのです。だから、PayPayやLINE Payで支払う時のように、「Apple Payで」と店員に告げても、決済方法は伝わりません。Apple Payに登録している「Suicaで」、あるいは「iDで」「QUICPayで」と伝えて、iPhoneをかざして支払うのです。これさえ分かっていれば、Apple Payの利用に戸惑うことはないと思います。普段Suicaを使っている人は、SuicaをApple Pay(を管理するためのWalletアプリ)に登録すれば、iPhoneがSuicaの代わりになって、改札を通ったり、コンビニで支払えるようになります。クレジットカードの場合も同様に、電子マネーのiDかQUICPayに対応したカードをWalletアプリに登録しておけば、iDやQUICPayのマークが付いたお店で、iPhoneをかざして支払えるようになるわけです。なお、iPhoneをかざして「カード払い」はできないので注意しましょう。

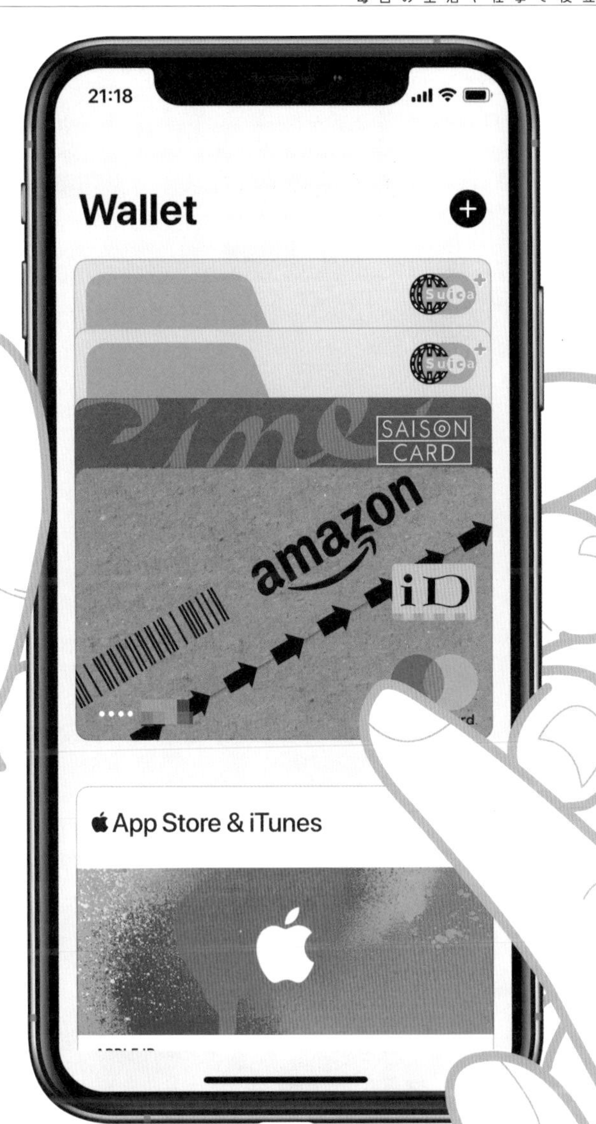

Apple Payは Walletアプリで管理する

Apple Payの管理には、iPhoneに標準インストールされている「Wallet」アプリを利用する。上段に登録したSuicaやクレジットカードが表示され、下段では搭乗券など登録した電子チケットを管理できる。

WalletアプリでSuicaを発行または登録する

1 Walletアプリの「+」をタップ

Walletアプリを起動したら、右上の「+」ボタンをタップ。iCloudにサインインして「続ける」をタップしよう。

2 カードの種類でSuicaを選択

Apple Payに追加するカードの種類の選択画面が表示されるので、「Suica」をタップしよう。

3 Wallet内でSuicaを発行する

Walletにクレジットカードを登録済みなら、チャージしたい金額を入力して「追加」でSuicaを新規発行できる。

4 カードタイプのSuicaを登録する

すでに持っているプラスチックカードのSuicaをWalletに追加するには、「お手持ちの交通系ICカードを追加」をタップし、画面の指示に従ってSuicaID番号の末尾4桁や生年月日を入力。あとはiPhoneでカードを読み取ればよい。

使いこなしヒント

改札での使い方と注意点

改札を通る際は、アンテナのあるiPhone上部をリーダー部にタッチするだけ。事前の準備は何も必要なく、スリープ状態のままでよい。Face ID/Touch ID認証も不要だが、複数のSuicaを登録している場合は、「エクスプレスカード」に設定したSuicaのみ認証不要で利用できる。なお、iPhoneのバッテリーが切れるとSuicaも使えなくなるが、iPhone XS/XS Max/XR以降は、バッテリーが切れても、予備電力で最大5時間までエクスプレスカードを使える。

Suicaアプリから新規発行してApple Payに登録する

1 Suicaアプリを起動する

Suica
作者 East Japan Railway Company
価格 無料

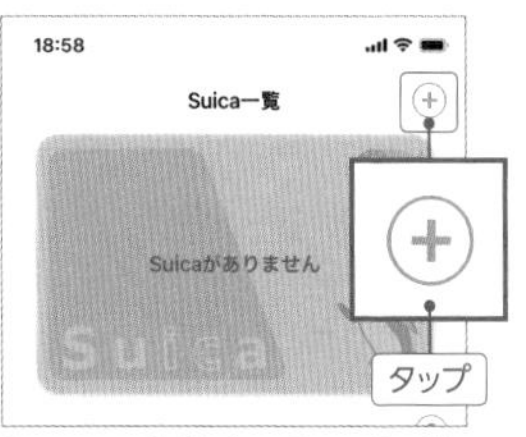

Suicaアプリをインストールして起動したら、まず右上の「＋」ボタンをタップして、Suicaの新規発行を開始しよう。

2 発行するSuicaのタイプを選択

「無記名」は会員登録が不要だが再発行やサポートの対象外なので、「My Suica(記名式)」を選択して「発行手続き」をタップ。

3 会員登録とクレジットカードの登録

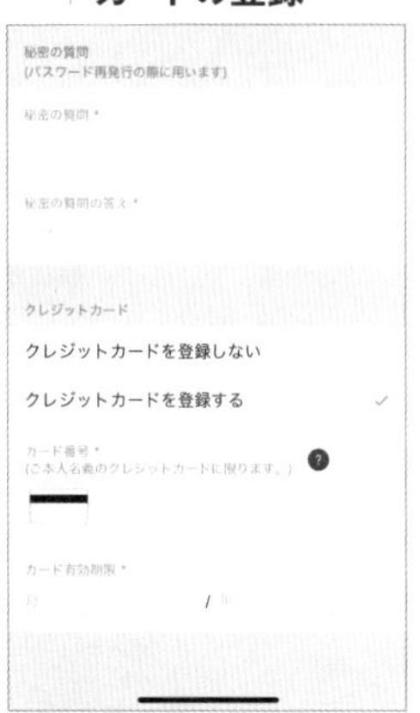

会員登録を済ませる。チャージにVISAのカードを使う場合、Apple Pay経由だとチャージできないので、この画面で追加しておこう。

4 チャージ金額と決済方法を選択

「チャージ金額」をタップしてチャージする金額を選択し、Suicaに登録したカードまたはApple Payから、決済方法を選択。

5 Apple PayにSuicaを追加する

「続ける」→「次へ」をタップすると決済が完了し、Walletアプリに Suicaが追加される。

使いこなしヒント

Suicaにチャージする方法と注意点

Suicaのチャージには、Apple Payに登録したクレジットカードを使う。WalletアプリでSuicaをタップし、続けて「チャージ」をタップして金額を入力し認証を済ませよう。登録したカードがビューカードであれば、Suicaアプリを起動して、「チケット購入・Suica管理」→「オートチャージ設定」でオートチャージの設定も行える。なお、VISAのクレジットカードはApple Pay経由でチャージできないので、Suicaアプリに登録してSuicaアプリからチャージする必要がある。

Apple Payにクレジットカードを登録する

1 Walletアプリの「+」をタップ

Walletアプリを起動したら、右上の「+」ボタンをタップ。次の画面で「続ける」をタップしよう。

2 「クレジット/プリペイドカード」をタップ

Apple Payに追加するカードの種類の選択画面が表示されるので、「クレジット/プリペイドカード」をタップしよう。

3 Apple ID登録済みカードを追加する

Apple IDに登録履歴のあるカードを追加する場合は、セキュリティコードを入力して認証を済ませれば良い。

4 他のクレジットカードを追加する場合

「ほかのカードを追加」をタップした場合は、カメラの枠内にカードを合わせて、カード情報を読み取ろう。

5 セキュリティコードなどを入力

カメラで読み取れなかったカード情報を補完していき、セキュリティコードを入力して「次へ」をタップ。

6 認証を済ませてApple Payに追加

「SMS」にチェックしたまま「次へ」をタップすると、SMSで確認コードが届き、自動的にカードが認証されて利用可能になる。

登録したクレジットカードの使い方と設定

1 使える電子マネーを確認する

Walletアプリでカードをタップし、登録したカードがiDかQUICPayのどちらに対応しているか確認しておこう。

2 メインカードを選択しておく

一番手前に表示させたカードがメインカードになる。カードをドラッグすれば、表示順を入れ替えできる。

3 iD／QUICPay対応店で支払う

店での利用時は、ロック中に電源（ホーム）ボタンを素早く2回押して、顔または指紋を認証させ、リーダーにiPhoneをかざそう。

4 他のカードに切り替えて支払う

支払い画面で下部のカードの束をタップすると、支払いに使うカードを他のものに変更できる。

5 アプリやWebでApple Payを使う

Apple Pay対応のアプリやネットショップで支払う場合は、購入画面で「Apple Pay」ボタンをタップしよう。

6 認証を済ませて購入を完了する

支払いに使うカードを確認し、電源（ホーム）ボタンをダブルクリックしてFace IDで認証、または指紋認証で購入を完了する。

section 04

139

新幹線や飛行機もiPhoneだけでチケットレス利用

紙のチケットなんてもはや過去のもの

新幹線や飛行機をネットで予約したのに、駅や空港で紙のチケットを発券するなんてなんだか前時代的ですよね。iPhoneがあれば新幹線も飛行機もスマートにチケットレスで利用できます。新幹線は、在来線同様に改札でiPhoneをかざすだけで乗車できます。東海道・山陽新幹線は「EXアプリ」で予約し、Apple Payに登録しているSuicaID番号とひも付ければOK。東北・山形・秋田・北海道・上越・北陸新幹線は「えきねっと」サイトで予約します。飛行機は航空会社によって異なりますが、チェックイン不要の予約であれば、QRコードをかざして保安検査場や搭乗口を通過できます。QRコードは航空会社のアプリやサイトの予約確認ページで表示でき、「Wallet」アプリに追加することもできます。スクリーンショットを保存して利用してもよいでしょう。これらのやり方を覚えておけば、iPhoneひとつで極めて身軽に帰省することだってできてしまうのです。

東海道・山陽新幹線を利用する場合

1 EXアプリで予約する

EXアプリ
作者 Central Japan Railway Company
価格 無料

乗車日 4/12（日）【本日】
時刻 19:00 出発
乗車駅 東京

東海道・山陽新幹線の予約サービス「スマートEX」を利用するアプリ。早期購入や往復購入の割引もある。払戻もiPhoneでできる。

2 モバイルSuicaと連携する

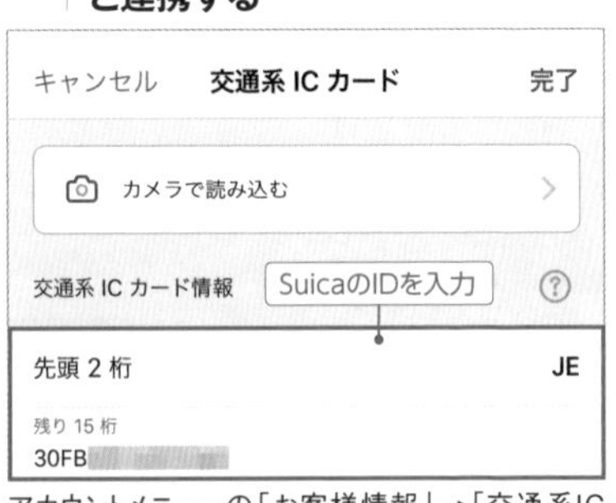

アカウントメニューの「お客様情報」→「交通系ICカード情報」で、Apple Payに登録しているSuicaのIDを入力すれば、iPhoneをかざして改札を通過できるようになる。

飛行機を利用する場合

1 予約の情報画面からWalletに追加

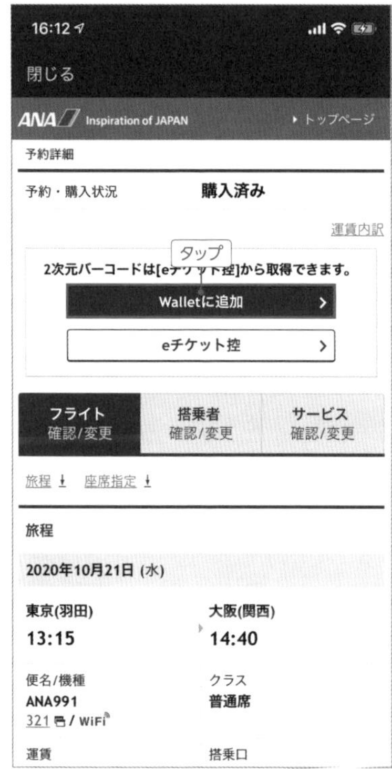

今回はANAのサービスで解説する。ANAのアプリやサイトで予約の詳細を表示し、「Walletに追加」をタップすれば、Walletアプリにパスが追加される。チェックイン不要のサービス（ANAでは「スキップサービス」）に対応した予約で利用可能だ。「eチケット控」をタップしてQRコードを表示し、スクリーンショットとして保存しておいてもよい。

2 Walletにパスが追加された

Walletにパスが追加。保安検査場や搭乗口でかざすQRコードの他に便名や出発時刻、座席、搭乗口（決定次第）なども表示される。

使いこなしヒント

スポーツやコンサートのチケットでも利用できる

スポーツの試合やコンサートでもQRコードチケットが普及し始めており、Walletに対応しているものもある。郵送で受け取ったり、コンビニで発券する手間が省けて便利だ。ただし、一部の会場では、QRから紙のチケットを発券しなければならないケースがあるので注意しよう。

section 04

140 Apple PayでSuicaやクレジットカードが消えた時は？

Walletアプリで簡単に復元できる

Apple Payに登録したSuicaやクレジットカードが、何かのタイミングで消えてしまっても、それほど心配することはありません。SuicaはApple Payから削除された時点で、残高などのデータはJR東日本のサーバに退避されるので、Walletアプリから簡単に復元できます。クレジットカードも登録履歴は残っており、セキュリティコードの入力だけで復元できます。ただしSuicaの場合は、同じカードを複数のApple Payに登録して使えませんので、機種変更の場合などは、前の端末から一度Suicaを削除してデータを退避させ、新しい端末にて復元する必要があります。古い機種が壊れて動かない状態であれば、新しい機種や、iCloud.comからも削除する方法はあるので、覚えておきましょう。クレジットカードの場合は、1枚のカードを複数のApple Payに追加できますので、古い機種にクレジットカードが残ったままでも、新しい機種に追加できます。

Apple PayのSuicaやクレジットカードを削除する方法

別のiPhoneから削除する

「設定」の一番上のApple IDを開くと、同じApple IDのデバイス名が下部に表示される。Apple Payのカードを削除したい端末をタップして開き、「すべてのカードを削除」で削除できる。

iCloud.comからSuicaを削除する

ブラウザでiCloud.comにアクセスして「アカウント設定」を開き、マイデバイスから端末を選択。「すべてを削除」をクリックすれば、Apple Payに登録したカードをすべて削除できる。

削除されたSuicaやクレジットカードを復元する

1 Walletアプリを起動する

消えたSuicaやクレジットカードを復元するには、Walletアプリの「＋」ボタンをタップし、「続ける」をタップ。

2 カードの種類を選択する

クレジットカードを復元するなら「クレジット/プリペイドカード」、Suicaを復元するなら「Suica」をタップ。

3 Suicaを復元する

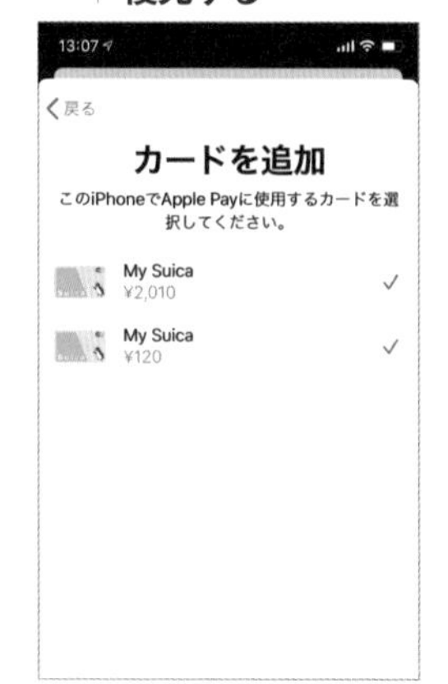

Suicaの場合は、サーバに退避されているカードが一覧表示されるので、復元するものにチェックして「続ける」で復元しよう。

4 クレジットカードを復元する

クレジットカードも、一度追加したカードの履歴は残っているので、復元したいカードにチェックして「続ける」。

5 セキュリティコードを入力して復元

クレジットカードの場合は、すぐに復元されるわけではなく、カード裏面のセキュリティコードの入力も必要となる。

6 削除されたカードが復元された

このように簡単に復元できるが、Suicaの場合、タイミングによっては午前5時以降でないと復元が完了しないので注意。

section 04

141

話題のシェアサイクルをiPhoneでサクッとレンタル

ポートも豊富であちこち行ける

NTTドコモが東京都心や複数の地方都市で展開中のシェアサイクルがおすすめです。街中の各所にあるポートで自転車を借りて、別のポートで返却できる便利なサービスで、特に東京都内10区(千代田区、中央区、港区、新宿区、文京区、江東区、品川区、目黒区、大田区、渋谷区)であれば、同一エリアとして区をまたいだ返却が可能です。自転車も電動アシストなのでスイスイこげますし、何よりiPhoneがあれば貸出と返却が超簡単。Apple Payに登録中のクレジットカードをひもづければ、iPhoneを自転車の操作パネルにかざすだけで解錠され、すぐに移動可能です。ポート検索画面で、各ポートの貸出可能台数を確認できるので、行ってみたものの自転車がない……といった心配もありません。ちなみにApple Payが使えないiPhoneでも、パスワード入力などの方法でレンタルできます。

1 会員登録を済ませよう

ドコモ・バイクシェアポートナビ
作者 LocationValue Inc.
価格 無料

「借りる」をタップし、利用エリアを選択。会員登録しよう。なお、東京都心の10区以外は、それぞれ別途会員登録が必要となる。

2 Apple Payと連携させる

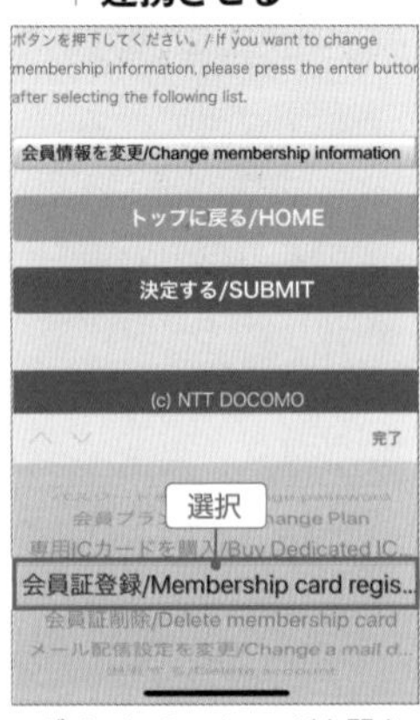

ログインしてマイページを開き、「設定・変更」をタップ。プルダウンメニューで「会員証登録」を選択する。

3 操作パネルに番号を入力

画面記載の操作手順に従い、自転車の操作パネルに画面に表示されている番号を入力する。これでApple Payによる貸出が可能となる。

会員証登録が完了すれば、自転車の操作パネルで「START」を押した後、顔認証などでApple Payを起動したiPhoneをかざせば解錠される。その他の詳しい操作手順はアプリの「ヘルプ」で確認しよう。

section 04

142

ICカードの残高をiPhoneで確認する

Suicaなどの残高と履歴はアプリで読み取れる

SuicaやPASMOなどの交通系ICカードや、nanacoや楽天Edyといった電子マネーを、普段の電車移動や買い物に使っている人は多いでしょう。しかしカードタイプだと、残高がすぐに分からないのがネック。残高不足で改札の扉が閉まって慌てたり、レジでチャージが必要になって手間取ると、気まずい思いをします。そこで便利なのが、カードにiPhoneをかざすだけで、残高や履歴を読み取れるカードリーダーアプリ。特に「マルチICカードリーダー」は、全国各地の交通系ICカードを網羅しており、主要な電子マネーにも対応しています。さらに運転免許証や一部の社員証を読み取ったり、海外の交通系ICカードにも対応するなど、約50種類ものカードの読み取りが可能です。複数枚のカードを使い分けている人も、このアプリがあれば管理に困ることはありません。

約50種類のカードに対応

マルチICカードリーダー
作者 HALLUCIGENIA, INC.
価格 無料

日本国内のほとんどの交通系ICカードと、nanaco／楽天Edy／WAON／CoGCaといった電子マネーの残高や履歴を、iPhoneで読み取れるアプリ。運転免許証や、香港や韓国など海外の交通系ICカードにも対応している。

section 04

143

電車内や図書館でもアラームを使いたいときは

イヤホンからのみ鳴らせるアプリ

新幹線で寝過ごしたくないときや図書館から出発しなければならない際は、イヤホンを耳に装着してアラームをセット……してはいけません。iPhoneの「時計」アプリに備わるアラーム機能は、イヤホン接続時も通常通りスピーカーからアラーム音が鳴ってしまうので、静かな場所での利用は避けたいところです。そこで、イヤホンのみにアラーム音を鳴らすことができるアプリを使ってみましょう。この「アラーム&タイマー」は、「時計」アプリと似たような画面や操作方法で設定できるアラームアプリで、イヤホン接続中はアラーム音がイヤホンからのみ鳴る仕組みになっています。なお、サイレントモードではアラーム音が鳴らないので気を付けましょう。

アラーム&タイマー
作者 KAZUTERU YOKOI
価格 無料

「+」をタップして新規アラームを設定。スヌーズや繰り返しなどを設定可能だ。もちろんアラーム音も変更できる。「時計」アプリに似ており、操作法もわかりやすい。

section 04

144 食べログのランキングは無料でも見ることができる

デスクトップ用サイトでこっそりチェック

レストランや居酒屋を手っ取り早く探したいとき、「食べログ」ほど頼りになるサービスはありません。レビューのすべてを鵜呑みにするわけにはいきませんが、「3.5ポイント付いてるからまあ大丈夫だろう」などとざっくり判断するための情報源としては優秀です。しかし、食べログの検索結果はポイントの高い順に表示されるわけではありません。ランキングを確認すればよいのですが、Safariで普通に検索すると利用できず、アプリの場合は上位5店までしか無料で見ることができません。そこで、Safariで食べログにアクセスした後、「デスクトップ用サイト」に変更してみましょう。これで6位以下のランキングもチェックできるようになるのです。

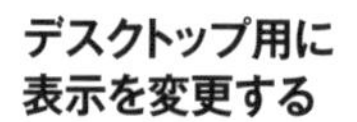

Safariで食べログにアクセスし、検索フィールド左端の「AA」ボタンをタップ。メニューから「デスクトップ用Webサイトを表示」をタップしよう。これで、検索結果をランキング表示できるようになる。

section 04

145 アプリなしで通信速度を計測する方法

Safariで「スピードテスト」と検索

「なんだか最近Safariでページが開くのが遅い」「どうも昼間だけネットへのつながりが悪い」といった時は、iPhoneの通信速度を調べてみましょう。通信速度を計測するアプリなどもありますが、実はもっと手軽に計測する方法があります。Safariで「インターネット速度テスト」や「スピードテスト」と入力し検索すれば、Googleの通信速度計測サービスを利用できるのです。検索結果のトップに「インターネット速度テスト」と表示されたら、「速度テストを実行」をタップするだけ。30秒ほどでテストが完了し、ダウンロードとアップロードの通信速度が表示されます。普段から定期的に計測して、自分の通信回線の平均速度を把握しておきましょう。

Googleのサービスで計測しよう

40 MB 未満ですが、高速接続ではより多くのデータが転送されることがあります。

テストを実行するため、ユーザーは Measurement Lab（M-Lab）に接続されます。また、ユーザーの IP アドレスが共有され、privacy policyに従って処理されます。M-Lab でテストが実行され、インターネット リサーチ促進のためすべてのテスト結果が公開されます。公開される情報にはユーザーの IP アドレスとテスト結果が含まれますが、インターネット ユーザーに関するそれ以外の情報は一切公開されません。

タップ

詳細　速度テストを実行

https://fast.com › ...

→

Safariで「インターネット速度テスト」や「スピードテスト」を検索し、検索結果の「速度テストを実行」をタップしよう。30秒程度で、下りと上りの計測結果が表示される。

section 04

146

数字の打ち間違いを途中で修正できる電卓アプリ

計算式を見ながらさかのぼって削除

いきなりですが、「計算機」アプリは「Calcbot 2」に乗り換えましょう。標準の「計算機」アプリも悪くはありません。デザインはiPhoneにぴったりですし、横画面にすると複雑な計算に対応した関数電卓も利用できます。ただ、Calcbot 2の柔軟な機能を味わうと、標準アプリに戻ることなんて考えられません。ひとまず足し算でも引き算でも簡単な計算を試してみましょう。左下に文字入力のキーボードと同じ削除ボタンがありますよね。これは、打ち間違えた数字を文章と同じようにひとつづつさかのぼって削除していけるボタンです。実際に使ってみないとわからないかもしれませんが、これが便利すぎるのです。

1 入力した計算式がそのまま表示

Calcbot 2
作者 Tapbots
価格 無料

入力した計算式がそのまま表示されるので、あとから間違いを発見しやすい。これだけでも便利。

2 入力ミスは即座に修正

入力ミスの際は、左下のボタンで削除する。標準計算機アプリの「C」ボタンよりも断然柔軟だ。

3 有料版なら数式の再利用なども可能

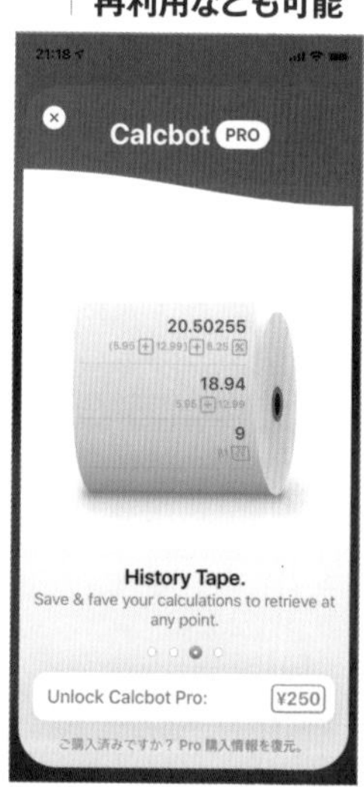

Pro版を購入すれば、単位換算や、過去の数式を再利用できる履歴テープ機能も使える。

section 05

セキュリティとトラブル解決の便利技

section 05

147

置き忘れても平常心を保てる鉄壁プライバシー防御設定

ちょっとした設定が秘密を守ってくれる

iPhoneの中身を見せて、と言われてすんなり見せられる人は、そう多くないでしょう。パスワードやクレジットカード情報が含まれる端末を、うかつに人に渡せないといった理由はもちろんあるでしょうが、交際相手との浮ついたLINEのやり取りとか、親しい友人にも教えられない秘密のSNSアカウントだとか、人には絶対に知られたくないデータを、万一にでも見つけられる危険は犯せないという理由も大きいと思います。そんな秘密のデータがいっぱい詰まっているのに、単に画面ロックをかけているだけで、iPhoneのセキュリティは万全と安心しきっていませんか? iPhoneは、強力なウイルスに感染したり、巧妙なハッキングによって侵入されたりといった、そんな理由で中身のデータが流出する可能性は低いデバイスです。しかし、しばらく机に置いていた間に覗き見されたり、画面がロックされる前に他人の手に渡ったりなど、ちょっとした不注意と油断で、個人情報が漏れてしまうことは大いにあり得ます。そしてそれは、iPhoneのプライバシー項目を適切に設定さえしていれば、防げるはずのミスなのです。ここでは、些細なミスによって個人情報が漏れることのないように、確認しておくべき設定を紹介しておきます。特に気を付けたいのは、誰でも見ることができる、ロック画面に表示される情報です。例えばロック画面でSiriの使用を許可していると、自分以外が話しかけても連絡先を表示したり電話を発信できる場合があります。またロック画面には、カレンダーウィジェットで次の予定が表示されたり、新着メールの内容が一部表示されることもあります。これらが表示されることのないよう、しっかり設定を済ませておくだけで、個人的な内容を盗み見られるという危険はずいぶん減るのです。そのうちと言わず、今すぐ設定を見直しておきましょう。

普通に使っていてもこんな危険がある

ロック画面でもSiriで連絡先を表示できる

「設定」の「連絡先」や「Siriと検索」で「自分の情報」を設定していると、自分以外でもロック画面でSiriを起動し、「私は誰?」と話しかけて情報を表示できる。また、連絡先の名前を告げて電話をかけることも可能だ。

カレンダーウィジェットで予定が表示されてしまう

ロック画面では、ウィジェットを表示することもできる。例えばカレンダーアプリでウィジェットや通知を有効にしていると、ロックを解除しなくても、次の予定などが表示されてしまう。

新着メールの内容の一部が表示されてしまう

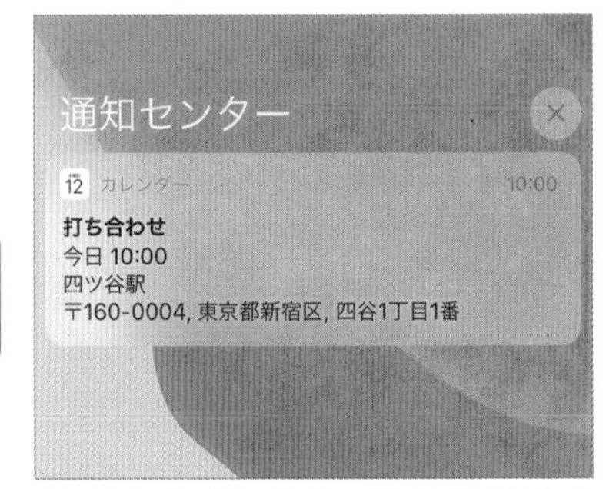

メールやメッセージのプレビュー表示を許可していると、新着メールやメッセージが届いた際に、メッセージ内容の一部を覗き見される恐れがある。ロック解除中でもプレビュー表示はオフにしたほうが安全。

その他の危険な機能や設定

他にも、iMessageの設定によっては相手に電話番号が知られたり、iPhoneの名前を本名にしていると周囲の人にバレてしまうという危険もある。iMessageの設定についてはNo148で、iPhoneの名前についてはNo149で、それぞれセキュリティ設定のポイントを解説している。

パスコードとセキュリティの設定ポイント

1 画面ロックは必ず設定しておこう

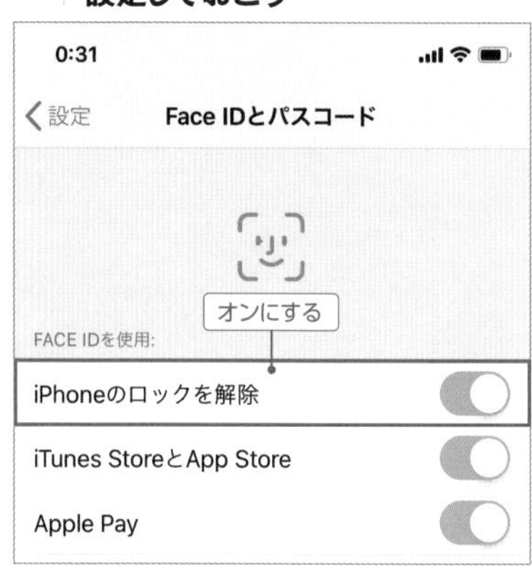

他人に勝手に操作されないように、画面ロックを設定しておくのは基本中の基本だ。「設定」→「Face ID(Touch ID)とパスコード」で、「iPhoneのロックを解除」をオンにし、顔(指紋)登録とパスコード設定を施しておこう。

2 パスコードを複雑なものに変更する

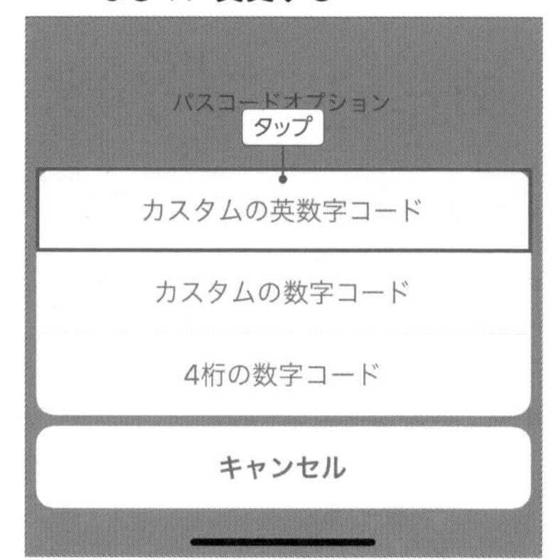

パスコードも標準の6桁の数字ではなく、自由な桁数の英数字に変更したほうがより安全。「設定」→「Face ID(Touch ID)とパスコード」→「パスコードを変更」→「パスコードオプション」→「カスタムの英数字コード」で変更できる。

3 自動ロックまでの時間を短くする

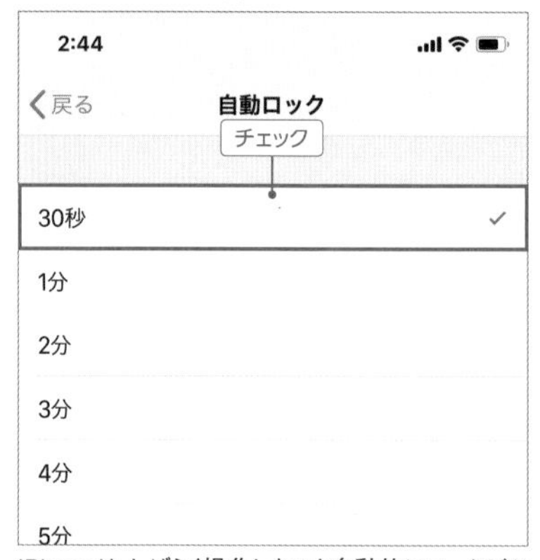

iPhoneは、しばらく操作しないと自動的にロックがかかる。この自動ロックまでの時間は、短くしておいたほうが安全性は高くなる。「設定」→「画面表示と明るさ」→「自動ロック」で、「30秒」に設定しておこう。

4 データ消去の設定をオンにする

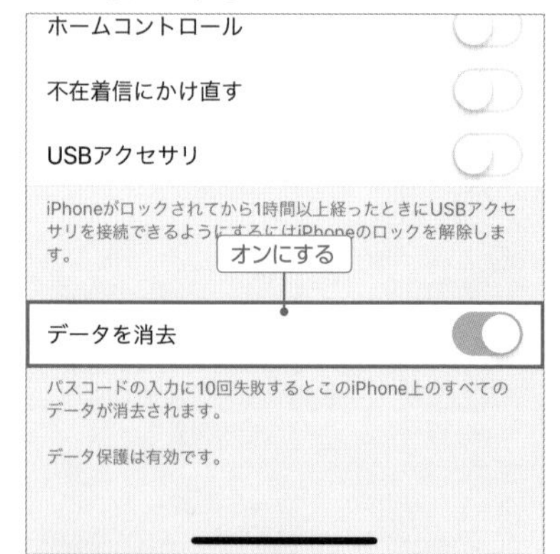

「設定」→「Face ID(Touch ID)とパスコード」の一番下にある、「データ消去」をオンにすると、パスコード入力に10回失敗した時点でiPhone内の全データが消去される。データ保護を最優先にしたい場合は設定しておこう。

ロック画面と通知の設定ポイント

1 ロック中のアクセスを制限する

オフにする

今日の表示
通知センター
コントロールセンター
Siri
メッセージで返信
ホームコントロール
Wallet
不在着信にかけ直す
USBアクセサリ

標準だと、ロックを解除しなくても通知やウィジェット、Siriにアクセスできてしまう。「設定」→「Face ID（Touch ID）とパスコード」で、「ロック中にアクセスを許可」欄の各スイッチをオフにしておこう。

2 ロック中でも安全にSiriを使う設定

「設定」→「Siriと検索」で「"Hey Siri"を聞き取る」をオンにして自分の声を登録し、「サイド（ホーム）ボタンを押してSiriを使用」をオフにすれば、自分の声だけでしかSirを起動できなくなる。

3 ロック画面の通知はオフにしてしまう

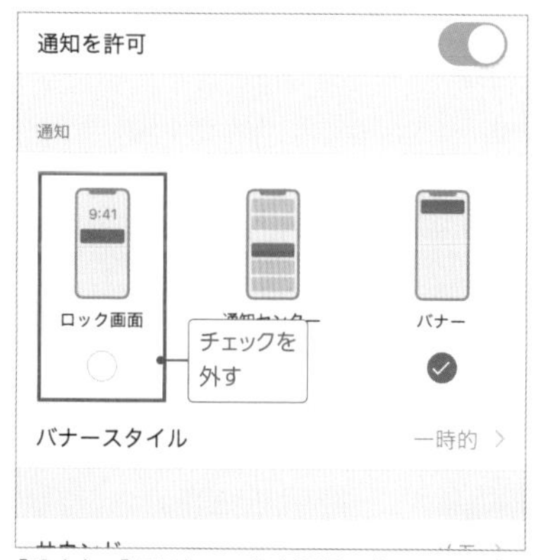

「設定」→「通知」でアプリを選択し、「ロック画面」のチェックを外せば、そのアプリの通知はロック画面に表示されなくなる。通知をあまり知られたくないないアプリは、オフにしておこう。

4 メールやメッセージのプレビューを表示しない

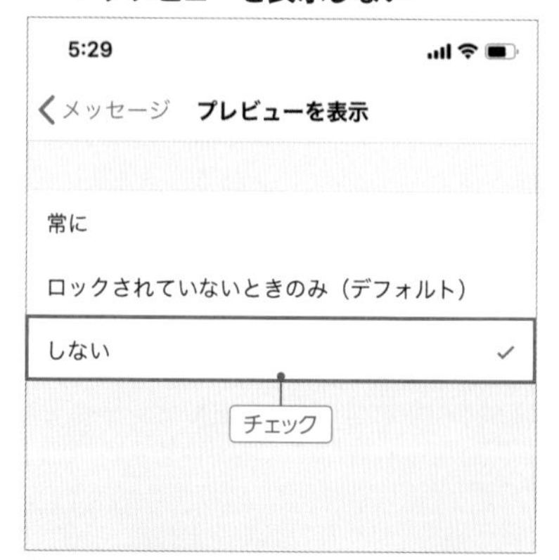

「設定」→「通知」でメールやメッセージを選択し、「プレビューを表示」をタップ。「しない」にチェックすれば、ロック中はもちろん、解除中の通知でも内容が表示されなくなり、より覗き見される危険が減る。

section 05

148

iMessageで電話番号がバレないようにする

発信元のアドレスにご用心

iPhoneのメッセージアプリで使える「iMessage」。LINEと比べると、やり取りができる相手がiOSユーザーに限られるのが難点ですが、面倒な登録は必要ありませんし、余計なサービスも表示されず、アニ文字などの独自機能も楽しく使えます。周りの仲間がiPhoneユーザーばかりなら、LINEよりも使い勝手がいい便利なサービスです。ただ、iMessageであまり親しくない相手とやり取りする時は、少し注意が必要です。何も考えずに送信すると、相手に電話番号が伝わってしまうのです。これは、iMessageの発信元アドレスが、電話番号に設定されているためです。電話番号を知られたくないなら、発信元アドレスを、Apple IDのメールアドレスなどに変更しておいた方がいいでしょう。

「設定」→「メッセージ」→「送受信」で、メッセージの「新規チャットの発信元」が電話番号だと、iMessageを送信した際に、相手の画面に電話番号が表示されてしまう。

発信元アドレスを他のメールアドレスに変更する

1 メッセージの設定で「送受信」をタップ

「設定」→「メッセージ」→「送受信」をタップすると、iMessageで送受信に利用できる電話番号やアドレスが表示される。

2 発信元アドレスをApple IDに変更

「新規チャットの発信元」を、電話番号ではなくメールアドレスにする。標準ではApple IDのアドレスを選択できる。

3 電話番号が表示されなくなる

これで、相手のメッセージ画面には電話番号が表示されず、Apple IDのメールアドレスが表示されるようになる。

4 Apple ID以外のアドレスを使うには

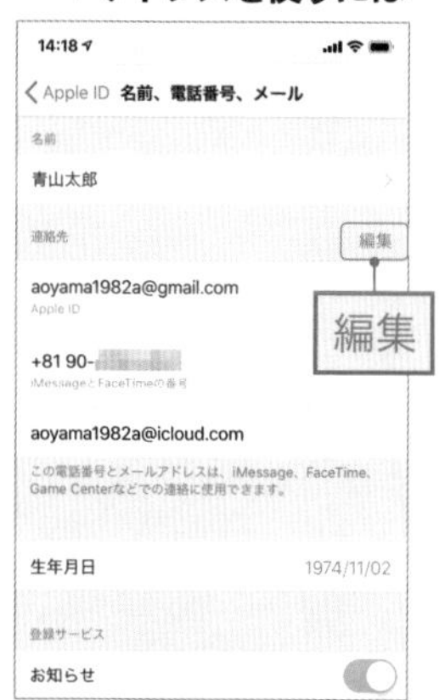

Apple ID以外のアドレスを使うには、「設定」上部のApple IDをタップし、「名前、電話番号、メール」→「編集」をタップ。

5 メールアドレスを追加する

「メールまたは電話番号を追加」をタップしてメールを追加すれば、iMessageの発信元アドレスとして選択できるようになる。

使いこなしヒント

相手がAndroidならあきらめよう

ここで設定したアドレスは、「iMessage」の宛先情報になるだけ。例えばAndroidスマートフォン宛てにメッセージアプリで連絡する際は、電話番号でやり取りするSMSで送信することになるので、相手に電話番号は知られてしまう。また、iOSデバイス以外の端末からこのアドレス宛てにメッセージが送られてきた場合は、メールアプリで受信することになる。

section 05 149

本名だと危ない!? iPhoneの名前の付け方は慎重に

無意識に本名を周りに公開してるかも!?

Safariなどで共有メニューを開いた時、AirDrop欄に「田中一郎のiPhone」といった、見知らぬ名前が表示されてびっくりした経験はないでしょうか。普段全く意識することはありませんが、自分のiPhoneには名前が付いています。このiPhoneの名前は、通常はApple IDに登録した名前が使われます。つまり田中一郎さんは、Apple IDの登録時に本名を使ったのでiPhoneの名前も本名になり、なおかつAirDropの共有範囲を「すべての人」に設定しているため、近くの人すべてに本名を公開する状態になっているのです。iPhoneの名前が公開されるケースはもう一つあります。「インターネット共有」をオンにした時に、「田中一郎のiPhone」といったネットワーク名で表示されるのです。このように、iPhoneの名前を本名にしていると、意図せず周囲の人に公開してしまう場合があるので、ニックネームなど無難な名前に変更しておきましょう。

iPhoneの名前は、「設定」→「一般」→「情報」→「名前」で変更できる。あらかじめ本名以外に書き換えておこう。なお、ここで変更した名前は、Apple IDには反映されない。

正確な残りの通信量をきっちりチェックする

各キャリアのアプリが便利

モバイルデータ通信を使いすぎて、翌月の通信料金が跳ね上がったり「ギガ死」で速度を制限されないためには、No151で紹介しているような節約術が効果的です。しかしもっと確実なのは、現在のモバイルデータ通信量をこまめにチェックして、今月は使い過ぎていたと分かったら、自分自身でモバイルデータ通信の使用を控えることです。現在までの大まかなモバイルデータ通信量を知りたければ、「設定」→「モバイル通信」の「現在までの合計」で確認できます。しかしこの数値は累計の通信量なので、月初めなどに「統計情報のリセット」をタップして数値をゼロに戻しておかないと、今月使った通信量は分かりません。より正確な通信量を調べるには、各キャリアの公式アプリを使いましょう。今月や先月分のデータ量、直近3日間のデータ量、料金アップや速度低下までの残りデータ量など、詳細な情報を確認できます。また、ウィジェットを配置して、いつでも素早くデータ量をチェックするといったこともできます。ほんの少しの使い過ぎで後悔しないように、気が付いたらすぐにデータ量をチェックするクセを付けておきましょう。

ドコモ版での通信量確認方法

My docomo
作者 株式会社NTTドコモ
価格 無料

ドコモ版のみ「設定」→「モバイル通信」→「使用状況」でも正確なデータ量が分かるが、「My docomo」アプリを使えば、より詳細な情報が分かり、ウィジェットも利用できる。

au版での通信量確認方法

My au
作者 KDDI CORPORATION
価格 無料

「My au」アプリをインストールし、au IDでログイン。「データ利用」画面で、今月のデータ残量や、データの利用履歴などを確認することができる。

ソフトバンク版での通信量確認方法

My SoftBank
作者 SoftBank Corp.
価格 無料

「My SoftBank」アプリをインストールし、SoftBank IDでログイン。「データ通信量」画面で、今月のデータ残量をグラフで確認することができる。

section 05

151

ギガ死を回避するための通信量節約チリ積も設定

設定の見直しで通信規制を回避しよう

iPhoneの通信料金を、使用したモバイルデータ通信量によって月額料金が変動する段階制プランで契約している場合は、ほんの少し通信量をオーバーしただけでも、次の段階の料金に跳ね上がってしまいます。また定額制プランで契約している場合は、料金の変動については心配する必要はありませんが、決められた上限を超えてモバイルデータ通信を使い過ぎると、通信速度が大幅に制限されてしまいます。制限されたあとの速度はだいたい128kbps程度になることが多く、少し画像が多いWebサイトを開くだけでも相当な読み込み時間がかかるし、マップもまともに読み込めないし、ストリーミング動画などはとても再生できません。そんな目に合わないように、そもそも月のデータ量を超えない使い方を心がけましょう。まずは、モバイルデータ通信中にうっかりストリーミング動画などを再生しないよう、アプリごとにモバイルデータ通信の使用を禁止しておくのがおすすめ。「設定」→「モバイル通信」では、一度モバイルデータ通信を使ったアプリが一覧表示されるので、YouTubeなどデータ量が増加しがちなアプリは、スイッチをオフにしておきましょう。その他にも、アプリの自動ダウンロードやアップデートはWi-Fi接続時のみ行うようにしたり、バックグラウンド通信が不要なアプリはオフにしておいたり、ミュージックのストリーミング再生にモバイルデータ通信を使わないといった設定が効果的です。また、マップを拡大縮小する操作、特に航空写真モードでの操作は、読み込みを行うたびに膨大な通信量が発生してしまうので、このようなNG操作も避けましょう。TwitterやFacebookなど各種SNSアプリでも、自動で動画を再生するような設定をオフにしておけば、通信量を節約できます。ただ、節約を重視し過ぎると使い勝手も悪くなってしまうので、そこはバランスを見ながら設定しましょう。

アプリごとにモバイルデータ通信を制限する

1 アプリのデータ通信利用を禁止する

「設定」→「モバイル通信」で、アプリごとにモバイルデータ通信の使用を禁止できる。YouTubeなどはオフにしておこう。

2 オフに設定したアプリを起動すると

モバイルデータ通信の使用をオフにしたアプリを、Wi-Fiもオフの状態で起動すると、警告が出てネットに接続できない。

3 さらに細かく設定できるアプリも

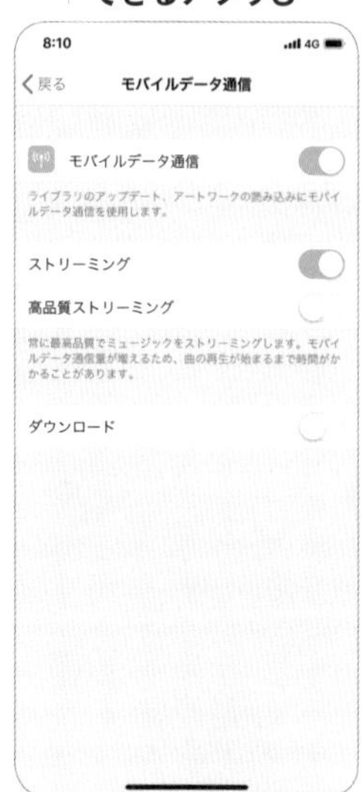

ミュージック、iTunes StoreとApp Store、iCloudや一部のアプリでは、それぞれの設定で、より細かくデータ通信を制限できる。

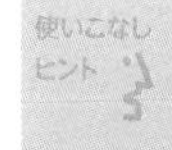

やっぱり外でもYouTubeを見たい時は

モバイルデータ通信でもYouTubeを見たいなら、YouTubeアプリの「設定」→「Wi-Fiの時のみHD再生」をオンにしておこう。これで、Wi-Fi接続時以外は動画を低画質で再生するようになり、モバイルデータ通信量を節約できる。例えば720pのHD画質で1時間視聴すると7～800MBほど消費するが、480pで再生すれば400～500MB程度で済む。

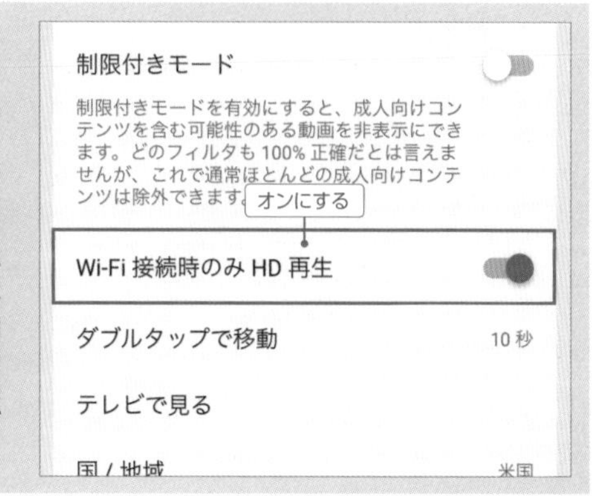

通信量を節約するための設定ポイント①

アプリのダウンロードはWi-Fiで

「設定」→「iTunes StoreとApp Store」のモバイルデータ通信欄で「自動ダンロード」をオフに、「Appダウンロード」は「常に確認」にしておこう。

バックグラウンド更新をオフにする

「設定」→「一般」→「Appのバックグラウンド更新」で、バックグラウンド更新の必要ないアプリはすべてオフにしておく。

ミュージックのモバイルデータ通信をオフ

「設定」→「ミュージック」→「モバイルデータ通信」をオフにしておけば、ダウンロードやストリーミングにモバイルデータ通信を使わない。

iCloud DriveはWi-Fi接続時に同期

「設定」→「モバイル通信」の下部にある「iCloud Drive」をオフにしておけば、Wi-Fi接続時のみ書類とデータを同期する。

通信量を節約するための設定ポイント②

Wi-Fiアシストをオフにする

「設定」→「モバイルデータ通信」の下部にある「Wi-Fiアシスト」をオフにしておけば、Wi-Fi接続が不安定な時に勝手にモバイルデータ通信に切り替わらない。

メールの画像読み込みをオフ

「設定」→「メール」→「サーバ上の画像を読み込む」をオフにしておけば、HTMLメールに埋め込まれた画像を自動的に表示しなくなる。

省データモードを利用する

通信量の節約設定を個別に施すのが面倒なら、「設定」→「モバイル通信」→「通信のオプション」で、「省データモード」をオンにしよう。この機能がオンの時は、使われていないアプリのデータ通信が抑えられるほか、「Appのバックグラウンド更新」もすべてオフになる。また、ストリーミング再生の品質が低下し、自動ダウンロードと自動バックアップも無効になる。その他、さまざまなデータ通信を自動的に抑えてくれるので、とりあえず今だけ通信量を節約したいという時には、オンにしておくと便利だ。

誤って削除した連絡先も復元できる

パソコンがあれば復元は簡単

みんなが家の電話の番号を暗記していたのも、今や遠い昔の話。連絡先の管理はiPhoneに任せきりで、友人知人の電話番号を細かく覚えていない、という人は多いと思います。きちんと連絡先データが保存されているうちは問題ないのですが、困ってしまうのが大事な連絡先を間違って削除してしまった時。連絡先アプリには履歴や復元機能がありませんし、すぐにiCloudと同期されてしまうので、他のiPadなどで消した連絡先を見るといったこともできません。でも実は、iCloudではしっかりと連絡先がバックアップ保存されているのです。パソコンでの操作が必要になりますが、WebブラウザでiCloud.comにアクセスして、「アカウント設定」→「連絡先の復元」画面を開き、復元するバックアップ日時を選択しましょう。バックアップ時点の連絡先に巻き戻すことができます。ただし、バックアップ時点の後に新しく登録した連絡先は、当然ながら消えてしまうので注意しましょう。

連絡先の復元はiCloud.comで行う

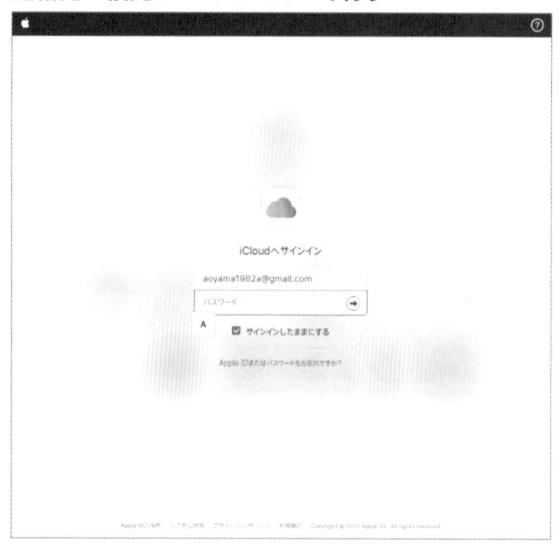

連絡先を復元するには、パソコンでの操作が必要となる。WebブラウザでiCloud.com(https://www.icloud.com/)にアクセスして、iPhoneと同じApple IDでサインインしよう。

iPhoneで削除した連絡先を復元する手順

1 iCloud.comで「設定」をクリック

パソコンのWebブラウザでiCloud.comにアクセスし、Apple IDでサインイン。Apple IDの設定によっては、2ファクタ認証が必要となる。サインインを済ませるとこの画面が表示されるので、「アカウント設定」をクリックしよう。

2 「連絡先の復元」をクリックする

iCloudの設定画面が開く。下部の「詳細設定」欄に、「連絡先の復元」という項目があるので、これをクリックしよう。なお、カレンダーやブックマークなども、この画面から復元することが可能だ。

3 「復元」ボタンをクリックする

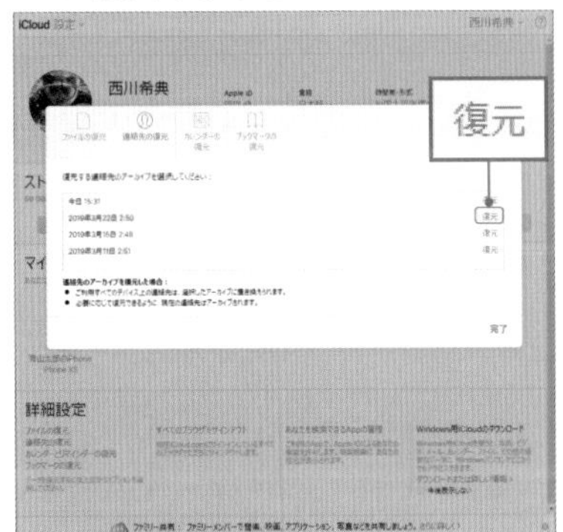

「連絡先の復元」画面が開き、過去にバックアップされた連絡先データが一覧表示される。復元したい日時の連絡先を選択して、「復元」ボタンをクリックしよう。

4 さらに「復元」をクリックで復元される

「連絡先を復元しますか?」と警告ダイアログが表示されるので、「復元」をクリックして復元を開始。しばらく待つと、バックアップ時点の連絡先への復元が完了する。復元された連絡先は、iPhoneでも反映されているはずだ。

アプリのうっかり削除を未然に防ぎたい

データごと消えて後悔する前に

iPhoneのアプリは、ホーム画面のアイコンをロングタップし続けると表示される「×」ボタンをタップし、「削除しますか?」のダイアログで「削除」をタップすることで削除できます。このように数段階の手順が必要なので、普通はうっかり削除といったことは起こりませんが、画面ロックを解除したままポケット内で触っていたら偶然消えてしまったり、子供に触らせていたら勝手に削除された、というトラブルもあります。一度インストールしたものなら、有料アプリでも無料で再インストールができますが、アプリ内に保存されていたデータや設定は、削除した時点で消えてしまうことが多いです。中身のデータを消したくない大事なアプリがあるなら、アプリを削除できないように、あらかじめ設定で機能を制限しておくのがおすすめです。

「設定」→「スクリーンタイム」→「コンテンツとプライバシーの制限」でスイッチをオンにし、「iTunesおよびApp Storeでの購入」をタップ。「Appの削除」を「許可しない」に設定しておこう。

section 05 154

電波が圏外になって なかなか復帰しない時は

知ってるとちょっと便利な復帰テク

電波状況の悪い場所から移動して、ようやく通信できると思ったのに、なかなか電波が復帰してくれない……。まあ、しばらくすれば普通につながるのですが、そんな悠長なこと言って待ってられないのが、現代人の悲しいさがです。そこで、つながらない電波を無理やりつなげる、便利ワザをお教えしましょう。といっても、大した操作じゃありません。コントロールセンターなどで、「機内モード」ボタンをタップして一度オンにし、もう一度タップしてすぐオフにする。それだけです。機内モードは、すべての通信をいったん遮断するための機能ですから、これをオフにした時点で、すぐに今つながる電波を検索して、通信を回復させてくれるのですね。操作が簡単で効果的なので、知っていると結構便利です。

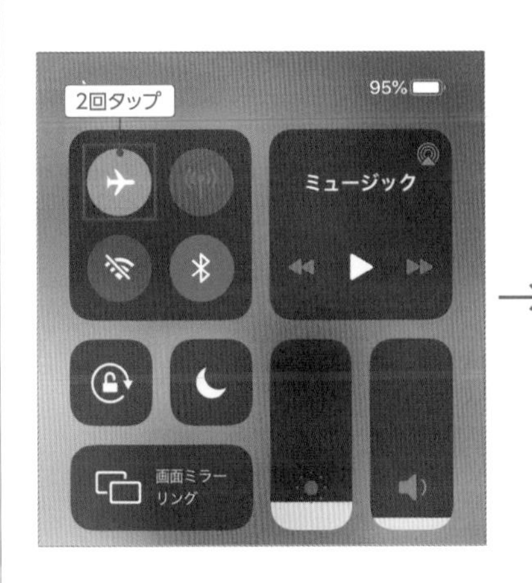

コントロールセンターを開き、機内モードをタップしてオンにし、もう一度タップしてオフにする。これだけで、すぐに接続可能な電波をキャッチし、通信が可能な状態になる。

動作がおかしいときに試したい操作手順

決まった対処法で解決できるはず

もしも、iPhoneがまったく動かなくなってしまったら。外出先で突然iPhoneが使えなくなると、電話やSNSで連絡もできず、ネットや電子マネーも使えない。そんなゾッとする状況は、考えたくもありません。ただ、iPhoneはかなり安定した機器ではありますが、何かの拍子に動作が止まるということも起こり得ます。いざという時に慌てないように、最低限のセルフチェック手段は覚えておきましょう。ここでは、主なシーンで試したい対処法をまとめていますが、基本的には一度iPhoneを再起動すれば問題が解決することが多いです。どうにも直らない時は、iPhoneを初期化して、バックアップから復元するのが効果的です。

トラブル時のセルフチェック項目

STEP 1	まずはしっかり充電できているか確認
STEP 2	通信トラブルは機能をオフにして再度オンにする
STEP 3	アプリの不調は再起動&再インストール
STEP 4	本体の不調は一度再起動
STEP 5	電源オフできない時は強制的に再起動
STEP 6	それでもダメなら各種リセット

1 まずはしっかり充電できてるか確認

電源が入らない、起動しない時は、まずしっかり充電できているかを確認する。iPhoneを電源に接続してしばらく待つと、このように充電中の画面が表示されるはずだ。充電中の画面が表示されない時は、USBケーブルや電源アダプタを疑おう。特に、完全にバッテリーが切れてから充電する場合は、Apple純正のものを使わないと、うまく充電できない場合がある。純正のケーブルと電源アダプタで充電できない時は、別のケーブルやアダプタに変えてみよう。

2 通信トラブルは一度機能をオフにする

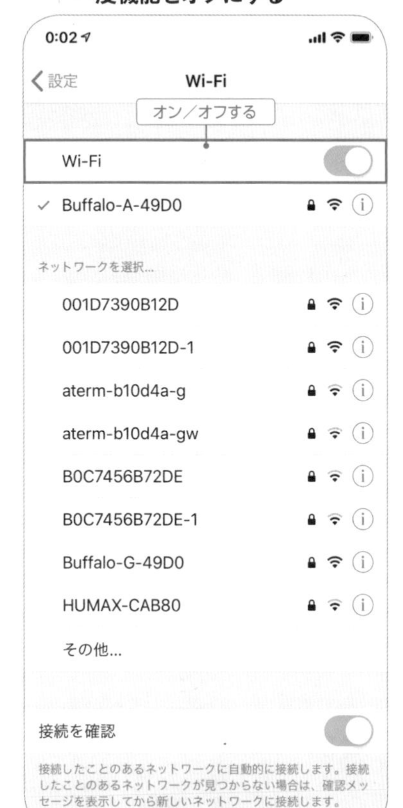

Wi-FiやBluetoothにつながらないといった通信トラブルは、一度通信をオフにして、もう一度オンにし直してみよう。これだけの操作で、不調が解消されることも多い。なお、コントロールセンターから、Wi-FiやBluetoothのボタンをオフにしても、通信を完全にオフにすることができない。Wi-Fiの場合は「設定」→「Wi-Fi」で、Bluetoothは「設定」→「Bluetooth」で、それぞれスイッチをオフにしてから、もう一度オンにするようにしよう。

3 アプリの不調は再起動&再インストール

アプリの動作がおかしい時は、一度そのアプリを完全に終了させよう。iPhone X以降では、画面の一番下から上へスワイプする途中で止める。それ以外の機種では、ホームボタンを2回押す。すると、Appスイッチャー画面になるので、不調なアプリを上にフリックすれば強制終了できる。アプリを再起動してもまだ調子が悪い時は、ホーム画面でアイコンをロングタップして「×」をタップし、一度アプリを削除してみよう。その後、App Storeから再インストールし直せば、直ることが多い。

4 本体の不調は一度端末を再起動

iPhone本体の動作がおかしい時は、一度端末を再起動するのが基本的な対処法だ。iPhone X以降は電源ボタンといずれかの音量ボタンを、Phone 8以前の機種では電源ボタンを押し続けると、「スライドで電源オフ」が表示される。これを右にスワイプすれば、本体の電源を切ることが可能だ。電源が切れたら、電源ボタンを長押しして、再起動させよう。なお、物理的な故障などでボタンが効かない時は、「設定」→「一般」→「システム終了」でも、スライダを表示できる。

5 電源オフできない時は強制的に再起動

「スライドで電源オフ」が表示されなかったり、画面が真っ暗だったり、タッチしても反応しない時は、本体を強制的に再起動する方法を覚えておこう。iPhone X以降と8／8 Plusの場合は、①音量を上げるボタンを押してすぐ離す、②音量を下げるボタンを押してすぐ離す、③電源ボタンを10秒以上長押しする。iPhone 7／7 Plusの場合は、電源ボタンと音量を下げるボタンを同時に10秒以上長押し。iPhone 6s以前の機種は、電源ボタンとホームボタンを同時に10秒以上長押しすればよい。

6 それでもダメなら各種リセット

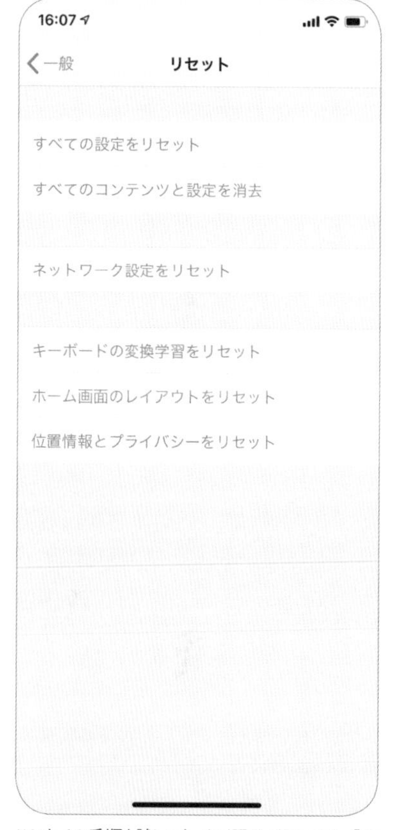

ここまでの手順を試しても、まだ調子が悪いなら、「設定」→「一般」→「リセット」の各項目を試そう。ただし、「すべてのコンテンツと設定を消去」という項目には注意。これを実行すると、iPhone内のデータがすべて消去され、工場出荷時の状態に戻るのだ。初期化することでほとんどの不具合を解消できるが、iPhoneの初期設定からやり直す必要がある。消去前にiCloudバックアップの作成を促されるので、必ず作成しておこう。初期設定中に、作成したバックアップから復元すれば、元の環境に復元できる。

section 05

156

知らなきゃ損するAppleの保証期間とできること

高価な修理代に泣かされないように

iPhoneの修理代がいくらか知っていますか？　例えばiPhone 11 Proの場合、液晶画面の修理で30,400円、その他の故障ならなんと59,800円！　思わず「高っ！」って叫んじゃいますよね。もう、型落ちの新品を買ったほうが安いくらいです。ただ、普通の家電と同じように、iPhoneには1年間のメーカー保証と、90日間の電話サポートが付いています。この保証、本体だけじゃなくて、イヤフォンやケーブル、充電器などの付属アクセサリも含まれていて、1年以内なら無料で交換できるのです。ただし、保証対象となるのは「自然故障」した製品のみ。落として液晶画面を割ったり、水没させたりといった、自分の不注意による故障は保証されません。有料の保証サービス「AppleCare+ for iPhone」に加入しておけば、この画面のひび割れなども保証対象になります。製品購入後30日以内でないと加入できず、加入に22,800円が必要（iPhone X以降）ですが、画面の修理が3,400円、その他の故障でも11,800円と、正規の値段に比べれば格安で修理を受けられます（どちらも最大2回まで）。また、メーカー保証と電話サポートの期間も2年に延長されます。まずは、自分の保証内容と、保証期間が残っているかを確認しましょう。

iPhoneだけで保証状況を確認

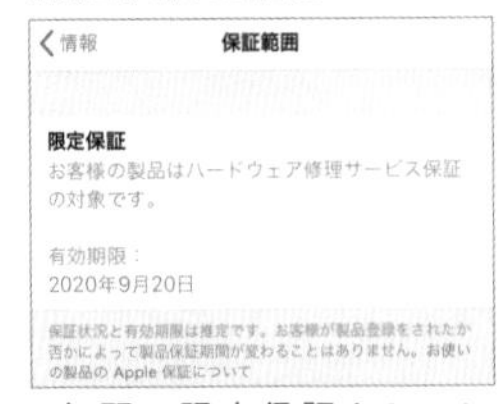

1年間の限定保証やAppleCare+の保証状況は、「設定」→「一般」→「情報」→「限定保証」や「AppleCare+」で確認できる。ただしアクティベート日時を元にした推定期限だ。

Appleサポートアプリで確認

「Appleサポート」アプリ（No164で解説）のアカウントメニューで「保証状況の確認」をタップしても、保証の推定有効期限を確認できる。

保証状況を正確に確認する

正確な保証状況は、「設定」→「一般」→「情報」の「シリアル番号」をコピーし、Safariでhttps://checkcoverage.apple.com/jp/ja/を開いて貼り付ければ確認できる。

無料の1年保証でできること

iPhone本体の修理や交換

外観に問題がない製品の不良動作や、バッテリーの最大容量が経年劣化を超えて80%を切る場合などに限り、無料で修理・交換してくれる。人為的な故障、損傷は対象外。

付属アクセサリの修理や交換

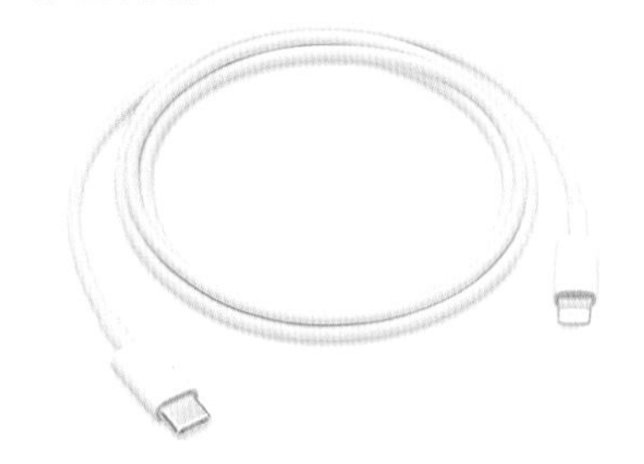

iPhoneに付属しているアクセサリ類も、人為的な著しい損傷がなく、壊れたケーブルや充電アダプタが手元にある状態であれば、無料で修理・交換してくれる。

有料のAppleCare+でできること

割れた画面を格安で修理できる

	保証外	AppleCare+
iPhone 11 Pro Max	35,800円	すべて 3,400円
iPhone 11 Pro	30,400円	
iPhone 11	21,800円	
上記以外	機種により異なる	

iPhoneを落として画面にヒビが入ったり割れた場合、iPhone 11 Proなら通常30,400円の修理料金がかかるところ、AppleCare+に加入していれば、3,400円で済む。

その他の故障も格安で修理できる

	保証外	AppleCare+
iPhone 11 Pro Max	64,800円	すべて 11,800円
iPhone 11 Pro	59,800円	
iPhone 11	43,800円	
上記以外	機種により異なる	

水没などで故障した本体の修理料金も、iPhone 11 Proの場合は59,800円から11,800円に減額。一度でも本体の修理を受けるなら、AppleCare+に加入しておいた方がお得だ。

保証の対象外となる行為に注意

Appleが認定していない非公式の修理店で修理を受けると、Appleの保証対象外になってしまう。特にAppleCare+に加入済みで、まだ保証期間が残っている人は注意しよう。もう保証期間が残っていないなら、Appleの正規料金よりもいくらか安く修理できてお得だ。

section 05

157

あれだけあった空き容量が足りなくなった!

いらないデータをiPhone自身が選別する

iPhoneでは、撮りためた写真やビデオをいつでも見たいし、気になったアプリは全部インストールしたいし、手持ちの曲は全部入れておきたい。理想を言えばこんな使い方をしたいものですが、ストレージ容量はあっという間に足りなくなります。iPhoneに空き容量がないと、写真撮影すらままなりません。外付けメモリを接続して写真や書類を移動しておくという方法もありますが、その前に「設定」→「一般」→「iPhoneストレージ」の各項目を確認してみましょう。この画面では、何にどれくらい容量が使われているかひと目でわかるほか、空き容量を増やすためのおすすめ手段が提案され、手軽に不要なデータを削除できるのです。また、アプリ内のデータを残したまま削除して、必要になったらまた再インストールしてデータも復元する、といったことも可能です。容量不足に困ったら、まずはこの画面をチェックしましょう。

「設定」→「一般」→「iPhoneストレージ」の上部では、何にどれくらい容量が使われているかカラーバーで確認できる。また、空き容量を増やすための方法が提示され、容量が大きい順にアプリが一覧表示される。

「iPhoneストレージ」画面で容量不足を解決する

非使用のアプリを自動的に削除する

「非使用のAppを取り除く」を有効にすると、空き容量が少ない時、使っていないアプリが書類やデータを残したまま自動で削除される。

最近削除した項目写真を完全削除

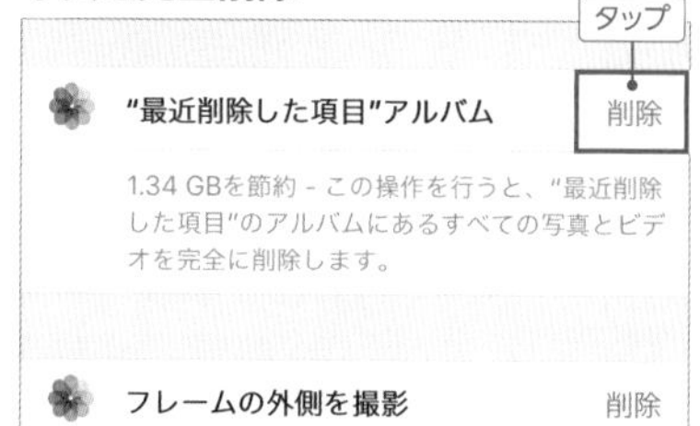

「写真」→「"最近削除した項目"アルバム」で、端末内に残ったままになっている削除済み写真を完全に削除できる。

容量の大きい不要なビデオを削除する

「写真」→「自分のビデオを再検討」で、端末内のビデオがサイズの大きい順に表示される。不要なものを消そう。

容量の大きい不要なアプリを削除する

Appを取り除く

この操作を行うとAppのサイズ分の容量は解放されますが、その書類とデータは保持されます。AppがApp Storeにまだある場合は再インストールするとデータは元に戻ります。

Appを削除

この操作を行うとこのAppとそれに関連するすべてのデータがこのiPhoneから削除されます。この操作は取り消せません。

不要なアプリを個別に選択して、「Appを取り除く」で書類とデータを残したまま、「Appを削除」でアプリ内のデータも含めて削除できる。

アプリ内のデータを個別に削除する

「ミュージック」など一部のアプリは、アーティスト別など、アプリ内のデータを個別に選んで削除することもできる。

使いこなしヒント

ダウンロードした動画や書籍も削除

気づかないうちに大容量を消費しているのが、動画や音楽配信、電子書籍ストアのダウンロードデータ。再生済みの映画や、しばらく聞いていない曲、読み終わった本などは、それぞれのアプリを起動してこまめに削除しておこう。

section 05

158 アップデートしたアプリが起動しなくなったら

思い切ってアプリを一旦削除する

iPhoneのアプリは気がついたら最新バージョンにアップデートされていますよね。アプリが更新されると、新機能が追加されていたり、バグが修正されたりしていて、基本的にはありがたい話です。ただ、最新版になったことで、突然うまく動かなくなったり、強制終了するようになったというのもよくある話。そんな時は、一度アプリを削除してしまいましょう。その後、App Storeから改めて再インストールし直せば、正常に動くようになる場合がほとんどです。有料アプリでも、一度購入したものなら無料で再インストールできるので安心してください。また、そもそもアプリを自動でアップデートする機能を切っておけば、自分の好きなタイミングで、アプリを更新できるようになります。

1 不調なアプリをアンインストール

動作がおかしいアプリは、ホーム画面でアイコンをロングタップし、左上の「×」をタップして一度削除する。

2 App Storeでアプリを再インストール

App Storeで、削除したアプリを検索しよう。一度購入したアプリは、iCloudボタンをタップして再インストールできる。

使いこなしヒント

アプリの自動アップデートをオフにする

インストール済みアプリの最新バージョンが公開された際に、自動的に更新したくない場合は、「設定」→「iTunes StoreとApp Store」→「Appのアップデート」のスイッチをオフにしておこう。アプリのアップデートは、App Storeの「アカウント」画面で、手動で行うことになる。

誤って「信頼しない」をタップしてしまった時の対処法

設定リセットで警告を再表示させよう

iPhoneをパソコンに初めて接続すると、「このコンピュータを信頼しますか?」という警告が表示されます。そこで間違って「信頼しない」をタップしてしまい、「しまった!」と慌てた経験はないでしょうか。「信頼」をタップしないと、パソコンからiPhoneにアクセスできなくなるのです。パソコンがiPhoneを認識しないので、中の写真をパソコンに取り出せないし、iTunesで管理もできない。だいたいは、ケーブルを差し直せばまた警告が表示されるので、「信頼」をタップし直して事なきを得ますが、場合によっては、警告が再表示されないこともあります。そんな時は、慌てず騒がず、「設定」→「一般」→「リセット」→「位置情報とプライバシーをリセット」を実行しましょう。改めてパソコンとiPhoneを接続すれば、「このコンピュータを信頼しますか?」が再表示されるはずです。ただし、各アプリで許可した位置情報の利用などもすべてリセットされるので、マップアプリなどを起動した際に、再度許可していく必要があります。

設定でリセットして警告を再表示

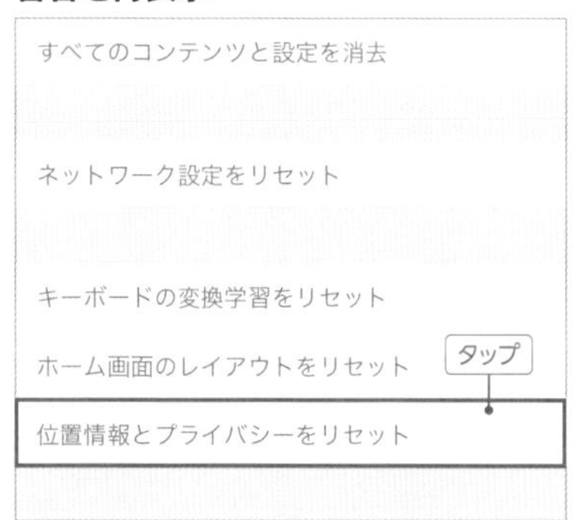

「設定」→「一般」→「リセット」→「位置情報とプライバシーをリセット」で、警告が再表示されるようになる。今度はしっかり「信頼」をタップしよう。

section 05

160

気づかないで払っている定期購読がないかチェック

もう使っていないサービスは解約しよう

アプリやサービスによっては、買い切りではなく、月単位などで定額料金の支払いが発生する場合があります。このような支払形態を、「サブスクリプション」(定期購読)と言います。例えば、月額980円で5,000万曲が聴き放題になる、「Apple Music」などが挙げられます。このサブスクリプションは、幅広いジャンルのコンテンツをお得な価格で楽しめ、必要な時だけ利用できるといった点が便利ですが、うっかり解約を忘れると使っていない時にも料金が発生します。中には無料を装って月額課金に誘導する、悪質なアプリもあります。いつの間にか不要なサービスに課金し続けていないか、確認する方法を知っておきましょう。「設定」の一番上に表示されるApple IDをタップし、「サブスクリプション」をタップすると、現在利用中や有効期間が終了したサブスクリプションの一覧を確認できます。また利用中のサービスをタップすれば、サービスを解約することもできます。

「設定」の一番上のApple IDをタップし、「サブスクリプション」をタップすると、利用中のサブスクリプションサービスを確認したり、解約することができる。

Apple IDのIDやパスワードを変更する

設定から簡単に変更できる

App StoreやiTunes Store、iCloudなどで利用するApple IDのID(メールアドレス)やパスワードは、「設定」の一番上のApple IDをタップした画面から変更することができます。まず、Apple IDのアドレスを変更したい場合は、「名前、電話番号、メール」をタップします。続けて「編集」をタップし、現在のApple IDアドレスの「－」をタップして削除したら、新しいアドレスを設定しましょう。ただし、Apple IDの末尾が@icloud.com、@me.com、@mac.comの場合は、Apple IDを変更することはできません。Apple IDのパスワードを変更したい場合は、「パスワードとセキュリティ」で「パスワードの変更」をタップし、本体のパスコードを入力すれば、新規のパスワードを設定することができます。

1 Apple IDの設定画面を開く

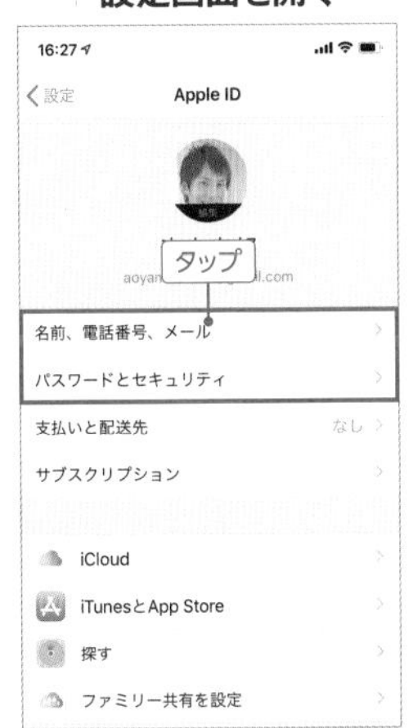

「設定」の一番上のApple IDをタップし、続けて登録情報を変更したい項目をタップする。

2 Apple IDのアドレスを変更する

「名前、電話番号、メール」→「編集」をタップすると、現在のアドレスを削除して新しいApple IDに変更できる。

3 Apple IDのパスワードを変更

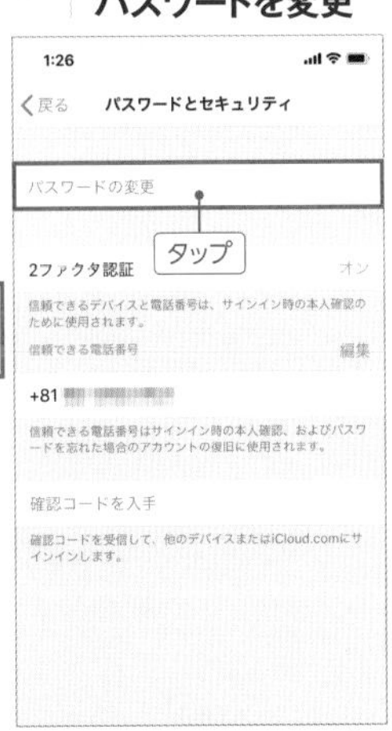

「パスワードとセキュリティ」→「パスワードの変更」をタップすると、Apple IDのパスワードを新しいものに変更できる。

section 05

162

なくしたiPhoneを見つけ出す方法

「iPhoneを探す」機能を活用しよう

万一iPhoneを紛失した時に、真っ先に試したいのが「iPhoneを探す」機能です。「設定」の一番上のApple IDを開き、「探す」→「iPhoneを探す」がオンになっているか確認しておきましょう。この機能が有効であれば、「探す」アプリやWebブラウザなどで、紛失したiPhoneが発信する位置情報をマップに表示して現在地を把握できるのです。また、「オフラインのデバイスを探す」や「最後の位置情報を送信」もオンにしておけば、オフラインのiPhoneが発信するBluetoothビーコンで位置情報を取得したり、バッテリーがなくなる直前の最後の位置を確認することができます。さらに、「紛失としてマーク」を利用すれば、即座にiPhoneをロック(パスコード非設定の場合は遠隔で設定)したり、画面に拾ってくれた人へのメッセージと電話番号を表示して、連絡してもらえるようにお願いできます。地図上のポイントを探しても見つからない場合は、「サウンドを再生」で徐々に大きくなる音を鳴らしてみましょう。発見が絶望的で情報漏洩阻止を優先したい場合は、「このデバイスを消去」ですべてのコンテンツや設定を削除することもできます。

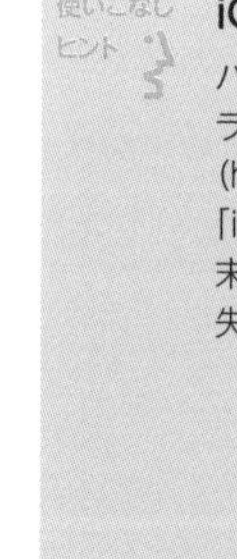

iCloud.comでも探せる

パソコンやAndroidスマートフォンのWebブラウザ、あるいはSafariでiCloud.com(https://www.icloud.com/)にアクセスし、「iPhoneを探す」画面を開いても、紛失した端末を探すことが可能だ。サウンドの再生や紛失モード、iPhoneの消去なども実行できる。

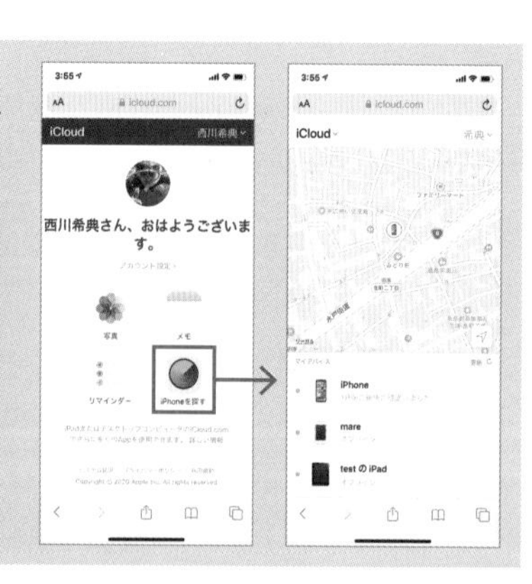

「探す」アプリでiPhoneを探す

1 Apple IDの設定で「探す」をタップ

設定のApple IDをタップして「探す」をタップ。なお「設定」→「プライバシー」→「位置情報サービス」のスイッチもオンにしておくこと。

2 「iPhoneを探す」の設定を確認

「iPhoneを探す」がオンになっていることを確認しよう。また、「オフラインのデバイスを探す」と「最後の位置情報を送信」もオンにしておく。

3 「探す」アプリで紛失した端末を探す

iPhoneを紛失した際は、同じApple IDでサインインした他のiPhoneやiPadなどで「探す」アプリを起動。紛失したiPhoneを選択すれば、現在地がマップ上に表示される。

4 サウンドを鳴らして位置を特定

マップ上のポイントを探しても見つからない時は、「サウンド再生」をタップ。徐々に大きくなるサウンドが約2分間再生される。

5 紛失としてマークで端末をロック

「紛失としてマーク」の「有効にする」をタップし、電話番号やメッセージを入力すると、iPhoneは直ちにロックされ、入力した電話番号への発信のみ行える状態になる。

section 05

163

いざという時はiPhone内のデータを遠隔で消去する

個人情報を盗まれないための最終手段

iPhoneには、電話番号やメールといった個人情報に加えて、最近はSNSのアカウントや、Webサービスのパスワード、クレジットカード情報など、さまざまなデータが保存されています。iPhoneを紛失した際に、これらのデータを盗まれてしまうと、大変なことになってしまいます。「iPhoneを探す」の紛失モードやサウンド再生を使っても、どうしてもiPhoneが見つからない時は、個人情報が流出しないように、「このデバイスを消去」を実行しておきましょう。遠隔操作によってiPhoneのデータはすべて消去され、工場出荷時の状態に初期化されます。ただしこの操作を実行すると、もうiPhoneの現在地は表示されず、紛失モードやサウンド再生も利用できなくなるので、慎重に判断しましょう。iPhoneを初期化したあとで、紛失したiPhoneを無事見つけた場合は、iCloudバックアップやiTunesで作成したバックアップから、バックアップが作成された時点の状態に復元することができます。なお、アカウントからデバイスを削除しなければ、持ち主の許可なしにデバイスを再アクティベートできないので、勝手に使われたり売却されたりすることはありません。

1 「このデバイスを消去」をタップ

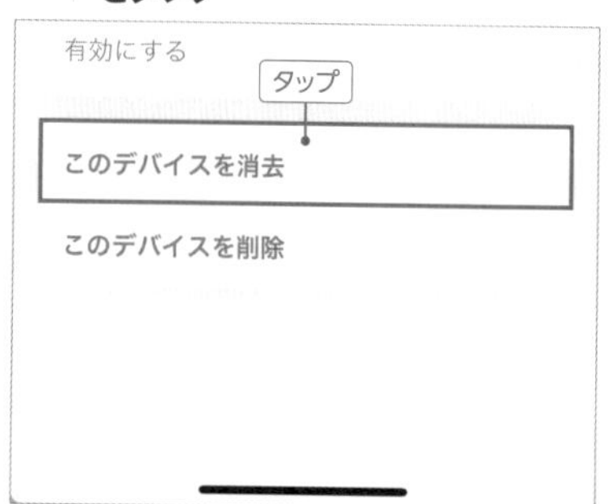

No162の通り「探す」アプリで紛失したiPhoneを選択し、「このデバイスを消去」をタップしよう。

2 「このiPhoneを消去」で初期化する

消去するともう現在地は確認できない!

このiPhoneを消去

「このiPhoneを消去」をタップして消去を実行すると、iPhoneのデータは初期化され、個人情報の流出を防ぐことができる。

section 05
164

困った時はAppleサポートアプリに頼ってみよう

チャットや電話でサポートに相談できる

iPhoneの操作で分からないことがあったり、トラブルを自分で解決できない時に、力強い味方となるのが「Appleサポート」アプリです。まず、アプリを起動したら、「サポート」画面を開きましょう。iPhoneの名前が表示されるのでタップします。続けてトラブルの種類や症状などを選択していけば、主なトラブルの解決方法が提示されます。それでも解決できない時は、「チャットする」や「今すぐ電話する」などをタップすれば、Appleのサポート担当者と相談しながら問題を解決することができます。そのほか、「参考情報」画面では、iPhoneを使う上で役に立つ情報やテクニックを発見できるので、一度目を通して置くことをおすすめします。

Appleサポート
作者 Apple
価格 無料

トラブルが発生した端末と症状を選択していくと、解決に役立つ記事を読んだり、チャットや電話で相談することができる。

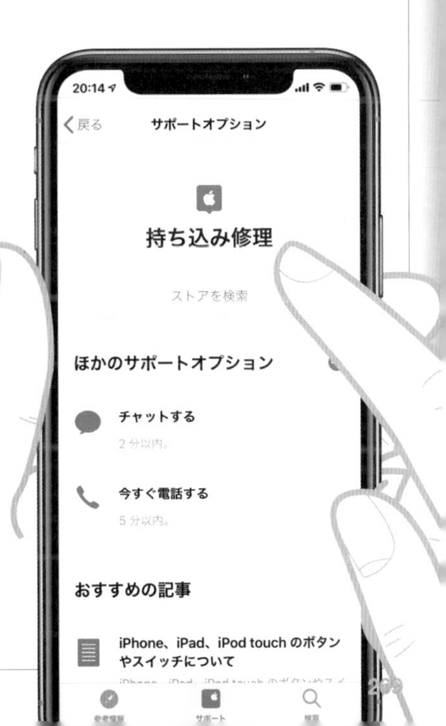

どうにもならない故障の際はApple Storeへ駆け込もう

いつも混んでいるので予約は必須

どうしても直らない不具合が出たり、物理的な故障が疑われる場合は、全国8箇所にあるApple Storeに持ち込んでみましょう。ただし、直接店舗に行っても混んでいて待たされることが多いので、基本的に予約は必須。この予約に便利なのが、「Appleサポート」アプリ(No164で解説)です。「サポート」画面でiPhoneを選択し、続けてトラブルの種類や症状を選択したら、「持ち込み修理」の「ストアを検索」をタップしましょう。最寄りのApple Storeや、修理に対応する家電量販店が一覧表示されます。Apple Storeは5分単位での予約が可能なので、持ち込みたい店舗と日時を選択して「予約」ボタンをタップしましょう。なお、「サポート」や「参考情報」画面の右上にあるユーザーボタンから、「保証状況の確認」をタップすると、各デバイスの保証期間の有効期限やシリアル番号なども確認できるので、修理に出す前にチェックしておきましょう。

1 「ストアを検索」をタップする

「Appleサポート」アプリの「サポート」画面で、問題のある端末と症状を選んで、「ストアを検索」をタップ。

2 近くのApple Storeを選択する

「リスト」または「地図」から、近くのApple Storeを選択しよう。修理に対応する家電量販店を選択してもよい。

3 予約日時を選択して予約を完了する

端末を持ち込む日時を選択して、次の画面で「予約」をタップすると予約完了。予約状況は「参考情報」画面の一番上で確認できる。

予約した日時にApple Storeを訪れよう。サポート担当者が、速やかに端末の問題解決や修理手続きを行ってくれる。なお、予約をキャンセルしたい場合は、「参考情報」画面の一番上の予約リストをタップし、「キャンセル」→「予約をキャンセル」をタップすればよい。

iPhone はかどる! 便利技 2020

2020年5月10日発行

Writer
西川希典　狩野文孝

Designer
高橋コウイチ(WF)

DTP
越智健夫

編集人
清水義博

発行人
佐藤孔建

発行・発売所
スタンダーズ株式会社
〒160-0008 東京都新宿区
四谷三栄町12-4 竹田ビル3F
TEL 03-6380-6132
FAX 03-6380-6136

印刷所
株式会社シナノ

本書の記事内容に関するお電話でのご質問は一切受け付けておりません。編集部へのご質問は、書名および該当箇所、内容を詳しくお書き添えの上、下記アドレスまでメールでお問い合わせください。内容によってはお答えできないものや、お返事に時間がかかってしまう場合もあります。

info@standards.co.jp